陈舒慧 贺琼/主编

# 中国茶文化与创新创业

本书为成都大学教材资助项目成果

四川大学出版社
SICHUAN UNIVERSITY PRESS

图书在版编目（CIP）数据

中国茶文化与创新创业 / 陈舒慧，贺琼主编. 
成都：四川大学出版社，2025.6. -- ISBN 978-7-5690-7548-9

Ⅰ．TS971.21

中国国家版本馆 CIP 数据核字第 2025VX1331 号

书　　名：中国茶文化与创新创业
　　　　　Zhongguo Cha Wenhua yu Chuangxin Chuangye
主　　编：陈舒慧　贺　琼

---

选题策划：刘一畅
责任编辑：刘一畅
责任校对：吴近宇
装帧设计：墨创文化
责任印制：李金兰

---

出版发行：四川大学出版社有限责任公司
　　　　　地址：成都市一环路南一段 24 号（610065）
　　　　　电话：（028）85408311（发行部）、85400276（总编室）
　　　　　电子邮箱：scupress@vip.163.com
　　　　　网址：https://press.scu.edu.cn
印前制作：成都墨之创文化传播有限公司
印刷装订：成都金龙印务有限责任公司

---

成品尺寸：170 mm×240 mm
印　　张：12.5
字　　数：223 千字

---

版　　次：2025 年 8 月 第 1 版
印　　次：2025 年 8 月 第 1 次印刷
定　　价：68.00 元

---

本社图书如有印装质量问题，请联系发行部调换

版权所有 ◆ 侵权必究

扫码获取数字资源

四川大学出版社
微信公众号

# 序 言

茶,这一源自中国的神奇叶子,承载着深厚的历史底蕴与独特的审美追求。从神农尝百草发现茶的解毒功效,到唐宋时期茶文化的繁盛,再到现代茶文化的传播推广,茶以其独特的魅力,跨越时空,连接过去与未来、东方与西方。在《中国茶文化与创新创业》一书中,我们不仅追溯了茶文化的历史渊源,更着重探讨了现代功夫茶艺的精髓及其在创新创业实践中的应用,旨在为读者呈现一个既古老又充满现代活力的茶文化世界。

本书不仅对中国茶文化的历史发展进行了系统的梳理,从茶的起源与传播,到茶在不同历史时期的利用方式与品鉴方法,展现了茶文化的博大精深与源远流长。同时,还将笔触转向了现代,特别是现代功夫茶艺的精湛技艺与美学追求。通过对现代功夫茶艺的详细解析,展示了炉火纯青的泡茶技艺、匠心独运的茶具以及具有深远意境的品茶之道,让读者在字里行间感受到现代功夫茶艺的独特魅力。

本书探讨了现代功夫茶艺在茶艺表演、茶会活动以及茶文化推广等方面的应用,展示了其在现代社会中的多元价值。

本书结合现代社会的实际需求,深入探讨了茶文化在文创产品开发、茶馆经营等领域的创新应用。特别是现代功夫茶艺,以其独特的文化内涵和审美价值,成为这些领域中的亮点和热点。通过案例分析与实践探讨,本书展示了现代功夫茶艺如何与现代产业相结合,创造出新的经济增长点和文化消费热点,为茶文化的传承与发展注入了新的活力。

本书注重数字技术在茶文化传播与创新创业中的应用。通过智慧教育、大数据分析、在线互动平台等现代技术手段,我们实现了茶文化的数字化呈现与智能化传播,让更多的人能够便捷地了解和感受茶文化的魅力。特别是在现代功夫茶艺的传播与推广中,数字技术发挥了不可替代的作用。

《中国茶文化与创新创业》一书,不仅是对中国茶文化的全面梳理与深入解读，更是对现代功夫茶艺精髓及其在创新创业实践中应用的积极探索。我们相信，本书的出版，能够激发更多人对茶文化的兴趣与热爱，推动茶文化在新时代的传承与发展。同时，我们也希望本书能够为广大创业者提供有益的借鉴和启示，让他们在茶文化的广阔天地中寻找到属于自己的创新创业之路。

本书在撰写过程中，借鉴并引用了众多专家、学者的著作、教材等相关文献资料，在此谨向他们表示诚挚的谢意！鉴于时间与能力所限，书中难免存在疏漏与不足，恳请各位读者不吝赐教，提出宝贵意见与指正。

# 目录

**第一章　茶韵悠长：探寻茶之源流与传播**……………………………… **1**
  第一节　茶始涵章：茶的概况、茶文化的起源与内涵 ……………… 2
  第二节　茶香远播：中国茶对外传播与交流 ………………………… 14

**第二章　饮茶史鉴：品鉴茶味的千年变迁**……………………………… **27**
  第一节　茗途三变：茶的药用、食用和饮用 ………………………… 28
  第二节　唐风煎茶：盛世中的茶艺盛宴 ……………………………… 30
  第三节　宋雅点茶：文人墨客的品茗雅趣 …………………………… 33
  第四节　明清茶事：简约风雅的茶饮变迁 …………………………… 36

**第三章　茶具雅集：鉴赏茶具的匠心独运**……………………………… **43**
  第一节　茶具古韵：古代茶具的演变 ………………………………… 44
  第二节　现代茶具：功夫茶具演绎新篇 ……………………………… 48
  第三节　盖碗之美：简约中的雅致韵味 ……………………………… 54
  第四节　紫砂壶韵：泥火中的艺术瑰宝 ……………………………… 57

**第四章　茶香品鉴：六大茶类的加工、名优茶、冲泡与品饮**………… **63**
  第一节　天地人和：茶叶的基本加工工艺 …………………………… 64
  第二节　绿茶清韵：绿茶的加工、名优茶、冲泡与品饮 …………… 67
  第三节　黄茶珍稀：黄茶的加工、名优茶、冲泡与品饮 …………… 73

第四节　白茶纯真：白茶的加工、名优茶、冲泡与品饮 …………… 77
第五节　红茶浓情：红的加工、名优茶、冲泡与品饮 ……………… 81
第六节　黑茶深邃：黑茶的加工、名优茶、冲泡与品饮 …………… 85
第七节　青茶雅趣：青茶的加工、名优茶、冲泡与品饮 …………… 90

## 第五章　茶脉新陈：茶艺的传承与创新 …………………………… 97
第一节　传统茶艺：四境韵味与历史传承 …………………………… 98
第二节　创新茶艺：定义、内涵与发展方式 ………………………… 101

## 第六章　茶韵创生：茶文创产品的多维探索 …………………… 109
第一节　茶创解意：茶文创产品相关概念与价值意义 ……………… 110
第二节　茶创品列：茶文创产品的分类 ……………………………… 114
第三节　茶创序则：茶文创产品设计流程、方法与原则 …………… 125

## 第七章　运筹帷幄：茶馆的筹备 ………………………………… 135
第一节　溯源知新：茶馆的形成发展及新型茶馆特点 ……………… 136
第二节　择址明势：茶馆市场需求分析、选址与定位 ……………… 141
第三节　命名艺术：茶馆取名与注册登记 …………………………… 148
第四节　立面美学：茶馆的外观设计原则与细节构成 ……………… 152
第五节　功能与美：茶馆功能分区与内部路线设计 ………………… 158
第六节　茶境营造：茶馆的照明设计、色彩搭配、绿植的选择与摆放、
　　　　音乐选择 …………………………………………………… 163

## 第八章　经营智慧：茶馆的管理与运营 ………………………… 171
第一节　形象定位：茶馆品牌的塑造、传播与维护 ………………… 172
第二节　线下运营：实体店管理的精细之道 ………………………… 177
第三节　融合创新：网店运营相关知识 ……………………………… 182

**主要参考文献** …………………………………………………………… **189**

# 第一章
## 茶韵悠长:探寻茶之源流与传播

# 第一节 茶始涵章：茶的概况、茶文化的起源与内涵

**知识导读**：中国是茶文化发源地，茶从饮品升华为融合哲学与美学的文化符号，茶艺与茶道构成其精神内核。本节将介绍茶的概况，包括茶的形态和化学成分，探讨茶文化的起源，并结合文化四层次理论解读茶文化的内涵，印证中华茶文化之源远流长。

## 一、茶的概况

### （一）茶的形态

#### 1. 茶树

茶树在植物分类系统中，隶属于种子植物门、双子叶植物纲、山茶目、山茶科，其形态特征丰富多样。首先体现在树型上。茶树主要有三种树型：灌木型，通常在生产上所见，高度为1至1.5米，江浙一带绿茶产区的茶树多为此类型，主干矮小，分枝稠密；小乔木型，高度为1.5至3米，广东、福建等地较为常见，主干与分枝较为明显；大乔木型，高度可达3至5米，甚至更高，是茶树中的巨型，云南西双版纳一带较为多见（见图1-1）。

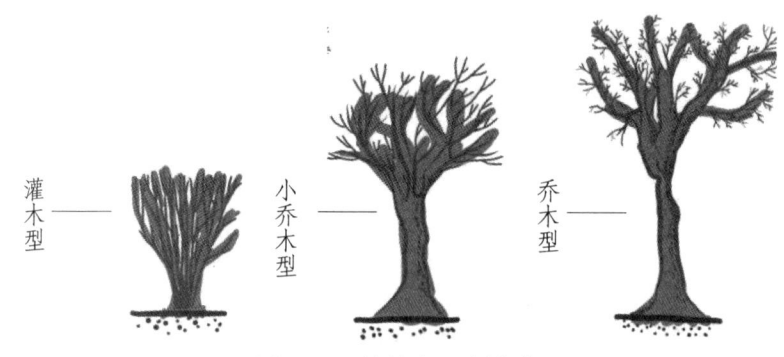

图1-1 茶树的三种树型

其次，茶树是一种多年生的常绿木本植物，与一年生或更短生命周期的水稻、小麦等作物不同，一般能够存活两年以上，且四季常青。值得注意的是，红茶并非由红色叶子制成，虽然在极端低温下，高山茶区的茶树鲜叶会变红，但这并非常态。

第一章　茶韵悠长：探寻茶之源流与传播

茶苗种植三年以后方可采摘杀青，太早采摘将影响以后得收成。茶树从种植到 10 年左右可达盛产期，若老化，需重新种植。[①]

茶树由根、茎、叶、花、果和种子等器官构成，其中根、茎、叶是营养器官，而花、果、种子则是繁殖器官。茶树的芽可以分为顶芽、腋芽和不定芽，其中不定芽在修剪过程中尤为重要，而顶芽和腋芽则对产量有着重要影响。

此外，茶树也会开花，其开花的时间通常在当年 10 月到第二年的 1 月，以 11 月为多。茶花的颜色主要为白色，也有淡黄色和淡粉色。花开之后，到第二年秋季会结果，称为蒴果，成熟后会自然落地。茶花的果子形状各异，有球形的单果，也有三角形的三果和梅花形的五果（见图 1-2）。

图 1-2　茶花

### 2. 茶树鲜叶

茶树鲜叶具备四个重要特征：

首先，茶叶的芽及嫩叶的背面有银白色的毫毛，随着叶质的成熟老化，毫毛会逐渐消失。毫毛越多，表示叶片越嫩，氨基酸含量越高，用其制成的茶口感越好。

其次，叶片边缘锯齿明显，嫩叶的锯齿浅，老叶的锯齿深，锯齿上有腺毛，老叶腺毛脱落后留有褐色疤痕。一般为 16 至 32 对，呈上密下疏状，越接近叶柄处的叶片表面越光滑。

再次，嫩叶茎呈圆柱形。

最后，叶面分布着网状叶脉，主脉明显，直射顶端，主脉之外有侧脉，侧脉又分出细脉，构成闭合网状输导系统。叶尖形状不一，大小也有区别。大的叶片长度可以达到 20 厘米以上，小的只有 5 厘米；大的叶片面积有 50 多平方厘米，小的连 20 平方厘米都不到。一般做绿茶的小叶茶叶长宽大概是两个拇指大小，但是云南大叶的茶叶有的比成人手掌还要大（见图 1-3）。

图 1-3　茶树鲜叶

---

① 李宏，边艳红.中华茶道［M］.长春：吉林大学出版社，2009.

> **知识链接**  茶树鲜叶的大小

特大叶种——叶长大于 14 厘米，叶宽大于 5 厘米。

大叶种——叶长 10 至 14 厘米，叶宽 4 至 5 厘米。

中叶种——叶长 7 至 10 厘米，叶宽 3 至 4 厘米。

小叶种——叶长小于 7 厘米，叶宽小于 3 厘米。

## （二）茶的化学成分

茶的化学成分丰富多样，主要由有机化合物和无机化合物两大类组成。有机化合物包括蛋白质、脂类、糖类、氨基酸（如茶氨酸）、生物碱（如咖啡因）、茶多酚（包括儿茶素、黄酮类物质等）、有机磷、色素、维生素（如维生素 C 和 B 族维生素）等（见图 1-4）。

无机化合物则包括磷、钾、硫、镁、锰、氟、铝、钙、钠、铁、铜、锌、硒等多种矿质元素，这些元素对人体健康有着重要影响，如维持体液平衡、增强免疫功能、调节酸碱平衡等。①

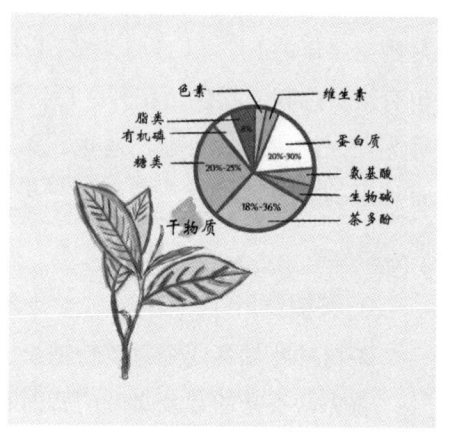

图 1-4　茶的有机化学成分

> **知识链接**  茶多酚、咖啡因和茶氨酸

茶多酚是茶中酚类物质及其衍生物的总称，不仅是表现茶叶感官品质的主要成分，也是主要的茶叶药效成分之一。茶多酚物质具有抗氧化、抗炎、抗菌等多种作用。它不仅为茶叶带来了特有的涩味，还能清除人体内的氧化自由基，预防心脑血管疾病，降低胆固醇和甘油三酯水平，防止血栓形成。

咖啡因是一种中枢神经系统的兴奋剂，能够刺激大脑中枢神经系统，延长大脑清醒时间，提高警觉性和注意力。茶的咖啡因含量因茶类及加工、冲泡方式而异，敏感人群可选择低咖啡因茶，如乌龙茶等，适量饮用。

茶氨酸是茶叶中特有的一种氨基酸，具有鲜爽的味道和独特的保健功能。它能够减轻因摄入咖啡因而产生的紧张感和失眠等问题。同时，茶氨酸还能促进大

---

① 朱复融. 中华养生茶典 [M]. 广州：广东旅游出版社，2007.

脑内多巴胺等神经传达物质的代谢和释放，有助于改善心情和提高认知能力。

## 二、茶文化的起源

### （一）中国是世界上最早确立"茶"字形、字义、字音的国家

中国是世界上最早确立"茶"字形、字音和字义的国家，各国对"茶"的音译基本上依照广东话的"cha"音或福建话的"te"音。

"茶"字由"荼"简化而来，始见于汉代。到了中唐，茶的音、形、义趋于统一，后来陆羽的《茶经》广为流传，"茶"的字形进一步确立。在唐以前，对茶有许多称呼，如横、茗、葬、水厄、皋芦、瓜芦、不夜侯、酪奴等。南宋魏了翁在《邛州先茶记》中说："茶之始，其字为荼。""荼"字首见于《诗经》，如《邶风·谷风》曰："谁谓荼苦，其甘如荠。"《豳风·七月》说："采荼薪樗，食我农夫。"《尔雅》进一步明确其概念说："横，苦荼。"

《汉印分韵合编》中，"荼"字已向"茶"字形演变，但还没有"茶"字音，也不知道指的是何物。

"茶"之字音始见于《汉书·地理志》，其中写到今湖南省的茶陵，古称荼陵，曾是西汉荼陵侯刘沂的封地，称荼王城，是当时长沙国属县。唐颜师古注此地"荼"字为"音弋奢反，又音丈加反"。它虽有"茶"字义，已接近"茶"字音，但没有"茶"字形，因此，人们还无法定论那时"茶"字是否已经出现。所以，南宋魏了翁的《邛州先茶记》说，茶陵中的"荼"字属已转入"茶"音，而未敢辄易字文。陆德明《经典释文》就把"荼"字读音改为去掉一画的"茶"字读音了。

成书于唐代开元年间的《开元文字音义》中也出现了"茶"字，成为证明"茶"字的来源重要的史料。陆羽《茶经·一之源》的注中有："从草，当作茶，其字出《开元文字音义》。""茶"字虽在民间广为流传，且被收录于《广韵》与《开元文字音义》中，然而在正式场合，仍未普及。

"茶"字沿用至今，成为一个专有名词，与陆羽《茶经》的普及有很大的关系。在茶有众多称呼的情况下，陆羽在著述《茶经》时，规范了茶的语音与书写符号，将"荼"一律改写为"茶"，从而确立了一个形、音、义三者兼备的"茶"字。

魏了翁在《邛州先茶记》中说："惟自陆羽《茶经》、卢仝《茶歌》、赵赞《茶禁》以后，则遂易'荼'为'茶'。"

## （二）中国有丰富的与茶文化相关的文物和典籍，包括世界上现存最早的茶书

在中国，与茶文化紧密相关的文物也极为丰富，如古茶具、描绘茶事的古画、著名的茶泉，以及散落各地的与茶文化相关的古遗址，这些都体现了中国茶文化的深厚底蕴，证明了中国是茶的起源地。

在浩瀚的古籍中，关于茶的记载比比皆是。当中国人发现并学会享用茶时，西方国家尚无相关的历史记载。相传："神农尝百草，一日而遇七十毒，得荼而解。"虽然传说不可当作信史，但也能从侧面证明我国发现茶的年代距今较远，使用茶的历史非常悠久。

早在殷商时期，巴蜀地区的居民就有饮茶习惯了。东晋常璩《华阳国志》记载："武王既克殷，以其宗姬于巴，爵之以子……鱼、盐、铜、铁、丹、漆、茶、蜜……皆纳贡之。其果实之珍者：树有荔枝，蔓有辛蒟，园有芳蒻、香茗……"这一记载说明，早在周武王时期，巴国的人们已开始种茶于园圃，并把茶作为地方特产进献给周武王。《华阳国志》中还记载，周朝时巴国已经有了人工栽培的茶园。在汉代，有多篇史料与茶相关，茶叶已作为商品进入贸易市场。

《华阳国志》中记载，从西汉到晋朝的两百年间，涪陵、什邡、南安（今剑阁）、武阳（今彭山）等地都出产名茶。随着时间的推移，茶的栽培逐渐从巴蜀地区扩展到云贵一带，然后又向东移动到楚湘地区，进而传播到粤赣闽及江浙地区，并北移至淮河流域，形成了我国广阔的产茶区。

如果说上述书籍只是零星地记载了与茶有关的故事，那么陆羽所著的《茶经》则是真正全面总结和记录了上古神农氏到唐代中期有关茶叶生产的历史、源流、发展情况、生产技术以及饮茶技艺、茶道原理的著作。它是世界上现存最早的茶书，被誉为"茶叶百科全书"。《茶经》共10章，包括茶的起源、茶具、茶叶的制造、煮茶的方法、饮茶的技艺、茶的历史事迹、茶的种植与采摘、煮茶的简略方法以及茶的图像等内容。《茶经》也是现在世界上知名度最高的茶书，被翻译成数种语言，如英语、俄语、西班牙语等，由中国外文出版社出版，传播到海外，为中国作为茶文化的起源地提供了有力的证明[①]。

---

① 姚国坤.中国茶文化学[M].北京：中国农业出版社，2019.

## （三）茶树的分布、地质的变迁和气候的变化等方面的大量资料也证明中国是茶树的发源地

早在晋代，王浮就在《神异记》中讲述了东汉永嘉年间，余姚人虞洪在山中采茶时偶遇神仙丹丘子，并得其指示发现大茶树的故事。而唐代茶圣陆羽在《茶经》中更是详细描述了茶树的形态，指出南方生长的茶树高度从一尺到数十尺不等，甚至在巴山陕川地区有两人合抱的大茶树。

根据考证，云贵川地区拥有丰富的野生茶树资源。至20世纪90年代，中国已在11个省（自治区）200多处发现野生大茶树[1]，其中大部分集中在云贵川地区。在这片广袤的土地上，甚至有连片的大茶树群落。1961年，在云南省的勐海县巴达区大黑山的密林深处，发现了一棵主干高32.12米、树围达2.9米的野生大茶树。这棵茶树单株存活，据估算树龄为1700余年，是当时世界上已知的最大野生茶树。遗憾的是，后来这棵茶树不幸被大风吹断，1978年再次测量时，其高度已经减少至14.7米。尽管如此，在这一地带，茶学工作者们又发现了9棵类似的大茶树，它们的高度有的在16米左右，有的在20米以上，进一步证明了这一地区野生茶树资源的丰富。

近十几年来，中外的茶学工作者从地质变迁和气候变化的角度出发，结合茶树的自然分布和演化过程，进行了深入的研究。他们发现，茶树是顺着河流、山脉的走向，或通过天然途径，或经人为传播，逐渐扩散开来的。例如，东南亚的缅甸因为与云南相邻，所以被视为茶树原产地的边缘地带；而在印度北部发现的野生大茶树，据研究是由缅甸流传过去的。此外，茶学工作者的研究还证实，在西双版纳发现的云南大叶种与印度的阿萨姆种在形态特征上没有显著的差异（云南大叶种早于印度的阿萨姆种）。这进一步支持了中国是茶树原产地的观点。

综上所述，无论是语言文字的发展、文物古籍的佐证，还是自然科学的研究结果，均证明了中国是世界茶文化的发源地。

### 知识链接　中国四大茶区

中国拥有四大茶区：西南茶区、华南茶区、江南茶区和江北茶区。

### 1.西南茶区

地理位置：位于中国西南部，包括云南、贵州、四川三省以及西藏东南部。

特点：是中国最古老的茶区，茶树品种资源丰富，地形复杂，气候多样，大部分地区属于亚热带季风气候，水热条件较好，适宜茶树生长。

---

[1] 郑国建.中国茶事[M].北京：中国轻工业出版社，2016.

生产茶类：主要为红茶、绿茶和黑茶等。

### 2. 华南茶区

地理位置：位于中国南部，包括广东、广西、福建、台湾、海南等省（自治区）。

特点：是中国最适宜茶树生长的地区，年平均气温高，年降水量丰富，土壤肥沃。

生产茶类：红茶、乌龙茶、花茶、白茶和黑茶等。

### 3. 江南茶区

地理位置：位于中国长江中下游南部，包括浙江、湖南、江西等省和皖南、苏南、鄂南等地。

特点：是中国茶叶的主要产区，年产量约占全国总产量的三分之二，气候四季分明，降水充沛。

生产茶类：绿茶、红茶、黑茶、花茶等，名优茶有西湖龙井、黄山毛峰等。

### 4. 江北茶区

地理位置：位于长江中下游北岸，包括河南、陕西、甘肃、山东等省和皖北、苏北、鄂北等地。

特点：气候相对干燥，年降水量较少，土壤多属黄棕壤或棕壤。

生产茶类：主要为绿茶，如六安瓜片、信阳毛尖等。

## 三、茶文化的内涵

饮茶艺术化，使人得到精神享受，产生一种美妙的感觉，是为茶艺。茶艺中贯彻了儒、道、释诸家的深刻哲理和高深思想的部分，谓之"茶道"，王玲教授在《中国茶文化》一书中明确指出："茶艺与茶道精神，是中国茶文化的核心。"

茶艺，有名有形，是茶文化的外在表现形式；而茶道，则是与茶相关的精神、道理、规律、本源与本质，它虽无形，却可用心体会。茶艺与茶道的结合，是物质与精神的高度统一。

实际上，茶道与茶艺之间存在明显的区别与联系。整体来看，它们呈现出"体"与"用"、"表"与"里"的关系。其中，"道"是无形的，它存在于自然之中，是形而上的道理；而"艺"则是有形的，它表现于外，包括有形的器物、制度等，是形而下的。在茶的世界中，能表现出来的就是茶艺，而茶道则是无法直接表现的，它需要用心去领悟、体会。但两者相辅相成，茶文化以茶艺和茶道为核心内容，结合其他与之相关的文化内容，组成了中国茶文化。

根据美国学者沙因提出的文化四层次理论，茶文化的内涵可概括如下。

首先，从物质文化层面，茶文化是人们从事茶叶生产的活动方式和产品的总和，包括茶叶的栽培、采摘、加工、保存、化学成分及功效研究等。

其次，从制度文化层面，茶文化是人们在从事茶叶生产和消费过程中所形成的社会行为规范。如随着茶叶生产的发展，历代统治者不断细化与茶叶相关的管理措施，称之为"茶政"，主要包括贡茶、茶税、榷茶等内容。

再次，从行为文化层面，茶文化是人们在茶叶生产和消费过程中约定俗成的行为模式，通常以茶礼、茶俗以及茶艺等形式表现出来。以茶礼为例，以茶交友、以茶敬宾等都属于茶礼。在漫长的茶文化发展历史中，茶和地方民风民俗相互交融形成各种茶俗，比如龙虎斗茶、酥油茶、奶茶等，都是茶俗的体现。

最后，从精神文化层面，茶文化是人们在应用茶叶的过程中所孕育出来的价值观念、审美情趣、思维方式等主观因素，即茶道。

综上所述，茶文化包括了茶政、茶艺、茶礼、茶俗、茶道等与茶相关的众多文化内容，这里将重点介绍茶艺和茶道。

## （一）茶艺

"茶艺"一词的缘起，可追溯至20世纪70年代的中国台湾地区。当时，为了弘扬茶文化、推广品饮茗茶的民俗，有人提议使用"茶道"一词。然而，茶文化专家范增平先生指出，尽管"茶道"在中国自古有之，但这一词汇已被日本广泛采用，并形成了独特的文化内涵。因此，继续使用"茶道"一词可能会引起误会，让人以为要将日本茶道引入中国。此外，由于中国文化中"道"字含有庄重严肃的情感表达，"茶道"不易被民众迅速且普遍地接受。基于这些考虑，范增平先生提出了"茶艺"一词，旨在以更贴近民众生活、更易于民众理解和接受的方式，来传达茶文化的精髓和魅力。

"茶艺"一词，从构词法的角度解释，可知其重在艺。什么是艺？艺既是技艺，也是艺术。中国关于茶艺的内容古已有之，不过有实无名，没有形成共识并称之为"茶艺"。如《封氏闻见记》记载："楚人陆鸿渐为《茶论》，说茶之功效并煎茶炙茶之法。造茶具二十四事，以都统笼贮之。远近倾慕，好事者家藏一副。有常伯熊者，又因鸿渐之论广润色之。于是茶道大行，王公朝士无不饮者。"这里所谓的"茶道"，应该被理解为饮茶的技艺和艺术。唐代陆羽的《茶经》、宋代蔡襄的《茶录》和赵佶的《大观茶论》，明代朱权的《茶谱》、张源的《茶录》和许次纾的《茶疏》等，对饮茶流程和要求均有详细记录，可见茶艺就是指饮茶的技艺和艺术。

发展至现代，茶艺的内涵与外延经历了精炼与深化。范增平先生明确指出，茶艺专注于两大核心领域：一是研究如何泡好一壶茶的技艺，二是探索如何享受一杯茶的艺术。这一界定将茶艺的范围严格限定在泡茶与饮茶之内，明确排除了茶叶种植、茶叶买卖以及其他非直接相关的用茶行为。茶叶种植为农业的一部分，而茶叶买卖则属于茶叶贸易学或茶叶商品学的范畴，它们各自有着独立的研究体系和应用背景。同样，其他非直接相关的用茶行为，根据其特定的内涵，也应置于相应的专业层面进行探讨。因此，就茶艺而言，我们不仅要学会冲泡的技艺，还要学会鉴赏和品饮，其中又以泡茶的技艺为主体，因为只有泡好茶之后才谈得上品茶。

泡好一壶茶看似简单，实则包括选茗、蓄水、备具、烹煮等步骤，是将程式与美学意境完美融合的过程。首先是选茗，茗即茶，选茗就是挑选茶叶。俗话说，高山出好茶；名山之茶一般品质较高；清明谷雨前采的茶，一般更加鲜嫩。此外，茶人在采摘茶叶时尤以芽头鲜嫩为要。茶人不仅关注茶芽的品质，还会根据形状为其取上美妙的名称，如"莲蕾""旗枪""雀舌"，等等。这些名称既包含了自然科学的道理，又富有美学意境。其次是蓄水。泡茶同样讲究水质，陆羽在《茶经》中提出"山水上，江水中，井水下"的水品。古人认为冲泡茶汤最佳的是"活、清、甘、冽"的山泉水，然后是干净的江河湖海水，最差的是井水，当然深度足够的地下水也是可以用来泡茶的。第三是备具。茶具的材质和器型不仅讲求功能，更追求工艺与文化内涵的创新。第四是烹煮。烹茶的过程是艺术化的集中体现，从茶具摆放、倒水、温杯洁具到冲泡、分茶、品茶，每一步都充满仪式感。最后是品茶。品茶时，对茶汤的色、香、形、味、韵的体味，以及品饮环境的选择，都讲求意境的美感和茶侣的陪伴。以茶待客的基本技巧，更是体现了一种礼仪和文化。

第一章 茶韵悠长：探寻茶之源流与传播

### 知识链接  茶芽美名

前文中提到的茶芽，一芽为"莲蕾"，形似莲花的花蕾；当芽头抽出一片嫩叶后，形态呈现一芽一叶，被称为"旗枪"，旗就是叶，枪就是芽；当第二个芽头抽出嫩叶后，形成一芽两叶，形似"雀舌"，故称（见图1-5至1-7）。

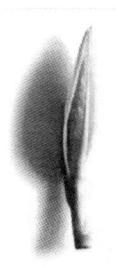  

图1-5 莲蕾　　　　　图1-6 旗枪　　　　　图1-7 雀舌

### 知识链接  茶艺的分类

#### 1. 以茶事功能来分

可分为生活型茶艺、经营型茶艺、表演型茶艺。生活型茶艺主要包括个人品茗和奉茶待客两个方面，以喝一杯好茶为依归，追求精神的愉悦。经营型茶艺主要指在茶馆、茶艺馆、茶叶店、餐饮店、宾馆以及其他经营场所为消费者服务的茶艺，四川茶馆中的盖碗茶可为其代表之一。表演型茶艺又可以分为两类：一类是技艺型茶艺表演，如四川茶馆的长嘴铜壶冲泡技艺；另一类是艺术型茶艺表演，即现在普遍表演的经过艺术加工的各种类型的茶艺。

#### 2. 以茶叶种类来分

一般是按照六大基本茶类细分，如红茶茶艺、绿茶茶艺、青茶茶艺、黑茶茶艺、黄茶茶艺和白茶茶艺等。还有再加工茶类的茶艺，如花茶茶艺等。

#### 3. 以饮茶器具来分

主要有壶茶艺（包括紫砂壶小壶茶艺、瓷器大壶茶艺等），还有盖碗茶艺和玻璃杯茶艺等。

#### 4. 以冲泡方式来分

包括煮茶茶艺、煎茶茶艺、点茶茶艺、泡茶茶艺、冷饮茶艺等。

### 5. 以社会阶层来分

包括宫廷茶艺、文士茶艺、宗教茶艺、民间茶艺等。

### 6. 以民族来分

主要分为汉族茶艺、蒙古族茶艺、藏族茶艺、维吾尔族茶艺、回族茶艺、白族茶艺、苗族茶艺、侗族茶艺、土家族茶艺、傣族茶艺、裕固族茶艺、纳西族茶艺、基诺族茶艺、布朗族茶艺、景颇族茶艺、彝族茶艺、佤族茶艺等。大家所熟知的蒙古族咸奶茶、藏族酥油茶、白族三道茶、纳西族龙虎斗茶、基诺族凉拌茶等，都有茶艺表演。

## （二）茶道

中国人饮茶，追求的不仅仅是美的享受，更在于通过茶来培养、修炼自身的精神道德。在各种饮茶活动中，人们不仅致力协调人与人之间的关系，沟通彼此的情感，还致力追求人与自然的和谐，达到万物共生的理想状态。茶艺与饮茶的精神内容、礼仪形式相互交融，使茶人能够领悟茶道，追求主观与客观、精神与物质、个人与群体、人类与自然的和谐统一，这便是中国人所崇尚的"茶道"。唐代刘贞亮里提出的"以茶利礼仁""以茶表敬意""以茶可雅志"等，都属于这个范畴（见图1-8）。比如"茶"字是会意字，拆开即是"人在草木间"，蕴含着"天人合一"的境界与追求。"茶"字还被解读为"长寿"之义：草字头为廿（二十），"人"为八，"木"为八、十（八十），加在一起是一百零八，暗示爱茶之人若遵循"人在草木间"的自然生活，便能健康长寿。古往今来的爱茶之人通过联想，使茶处处包含了与众不同的关于美学、哲学和道德的各种感悟。

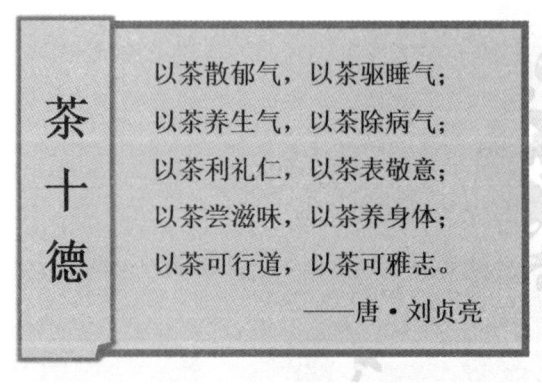

图1-8 茶十德

茶道精神作为茶文化的核心和灵魂，是指导茶文化活动的最高原则。它以一定的环境氛围为基础，围绕制茶、烹茶、点茶、品茶等核心环节展开，通过语言、动作、器具、装饰等多种形式加以体现。茶道不仅关注饮茶过程中的精神追求，还强调品茶约会的整套礼仪和个人修养的全面展现。客来敬茶是中国传统的待客之道，当有客人到访，主人总会敬上一杯热茶，显示出以和为贵的气度来（见图1-9）。有的人甚至以茶代酒，以茶宴、茶会的形式接待来宾，在饮茶中沟通交流，创造和谐气氛，增进彼此的友谊。常见酗酒斗殴的，却不见喝茶打架的，哪怕品饮终日也不会抢起茶杯翻脸。清代制壶名家陈鸣远曾经造了一把别致的茶壶，叫"束柴三友壶"，该壶造型自然美观，仿若松桩、竹段、梅桩三干捆束成一体，一分枝为壶嘴，一分枝为把手，三干与共，同含一壶水，同用一只盖，立意鲜明，取"众人拾柴火焰高""共饮一江水"等古意（见图1-10）。

图1-9　客来敬茶　　　　　　图1-10　束柴三友壶

可见，喝茶这件事，既可以有技术的呈现，也可以有美学意境的追求，更可以有精神道德的涵养，是一种综合性很强的文化活动。

**知识链接**　精行俭德

"精行俭德"源自《茶经》，是茶文化中对饮茶者品德修养的至高要求，强调要在行事上精益求精、不逾矩，同时在品德上节俭自律、不奢华。这一理念不仅体现在茶人对制茶、泡茶、品茶等环节的精心操作和严格要求上，更是体现在茶人内在修养的提升和追求上。它要求人们在日常生活中保持严谨认真的态度，注重自我约束和节俭，以提升个人品质，促进社会和谐，传承和弘扬中华优秀传统文化精髓。

# 第二节　茶香远播：中国茶对外传播与交流

**知识导读**：中国茶经陆上丝绸之路和海上丝绸之路这两条历史悠久的贸易通道，如同文化的使者，跨越千山万水，传播到世界的各个角落，展现了其独特的魅力和深厚的文化底蕴。这一对外传播过程不仅丰富了世界各地的饮品文化，也促进了不同文明之间的交流与融合，形成了独特的日本茶道、英国下午茶文化等。

关于中国茶什么时候开始对外传播，最先传播到哪个国家，很多学者持有不同的看法。主要有三种观点：第一，中国茶的外传是随着汉代丝绸之路的开辟而开始的。这种观点认为长安是通向西亚乃至欧洲丝绸之路的东方起点，长安南接巴蜀，而在汉代巴蜀地区已兴起饮茶之风，所以随丝绸之路的开辟必有茶的外传。但这种观点尚未找到明确的史料记载，只能说是推论，而且就全国范围来看，当时饮茶并不普遍，外传可能性不大。第二，中国茶的外传始于公元5世纪，最初的输出对象为土耳其商人。持这种观点的研究者较多，美国人威廉·乌克斯在其著作《茶叶全书》中提道：5世纪末，中国与土耳其商人进行贸易，首要输出的物品就是茶叶。[①]我国茶学家陈橼在其著作《茶业通史》中提道：5世纪末，土耳其商人到中国边境开展贸易，以物易茶，并认为这是我国茶叶正式外销的开始。[②]公元5世纪正值我国南北朝时期，是我国茶文化的萌芽期，始于巴蜀的饮茶之风向江南一带发展，进而传播至长江以北，饮茶的人逐渐增多，此时期茶叶外传的可能性大很多。第三，中国茶最先东传至朝鲜半岛和日本，至于具体时间又说法不一，有的人认为早在秦汉时期，有的人则认为在唐代。

由此看来，关于中国茶早期外传的时间和方向尚有争议，其中第二种观点是目前学界较为公认的，即早在公元5世纪中国茶就已开始对外传播，贸易对象为土耳其商人，唐宋后更是呈辐射状进一步对外传播。

## 一、中国茶对外传播的路径

茶叶传播到各个国家的时间前后不一，那茶的传播方式和路径自然也是多种多样的。茶的外传路径主要分为陆路和海路。陆路又可分为四条路径：第一，由

---

① 威廉·乌克斯.茶叶全书[M].北京：东方出版社，2011.
② 陈橼.茶业通史[M].北京：农业出版社，1984.

东北地区东传至朝鲜半岛。第二，以我国内蒙古地区、蒙古国为中介地北传至俄罗斯等国。第三，产茶地直接通过边疆地带南传至南亚诸国。第四，集中于长安的茶由新疆西传中亚、西亚、地中海地区及东欧。海路又可分为三条：第一，由浙江通往日本；第二，由福建、广州通往南洋诸国，后经马来半岛、印度半岛、地中海通往欧洲各国；第三，由广州通往美洲各地。

## 二、中国茶对外传播的方式

### （一）茶作为国礼，馈赠贵宾与使者

自古以来，中国长期保持"茶为国礼"的传统。唐朝的刘贞亮曾提出"茶十德"，其中"以茶表敬意"便体现了茶叶作为礼物的独特意义。据朝鲜史书《三国史记·新罗本纪》和《东国通鉴》的记载，新罗兴德王时期，遣唐使金大廉在参见文宗皇帝时，获赐中国天台山茶种四斛。回国后，他遵照兴德王的命令，将这些茶种种植在智异山下的华严寺周围。清代乾隆皇帝不仅喜爱品茶，也热衷于赠茶。1793年，为庆祝乾隆皇帝80岁寿辰，英国国王乔治三世特派其表弟马戛尔尼率使团访华，乾隆皇帝便赠予其大量茶叶，包括普洱茶8团、六安茶8瓶、武夷茶4瓶、茶膏4匣等。[①] 这种将茶叶作为礼品赠给贵宾与使者的做法，是茶叶走出国门、走向世界的重要方式。

### （二）来华僧侣、传教士将茶带出国门

古代，许多来华的僧侣和传教士都将茶叶或茶种带回了自己的国家，推动了中国茶的对外传播。以日本为例，日本茶道的形成就与几位日本僧人密切相关。从唐代至元代，日本络绎不绝地派遣僧人来到中国各佛教圣地修行求学。他们回国时，不仅带回了茶的种植知识和煮泡技艺，还带回了中国传统的茶道精神，使茶道在日本得以发扬光大，并形成了具有日本民族特色的艺术形式和精神内涵。805年，在中国学习的僧人最澄带回了茶籽，并将其种植在日吉神社的旁边，成为日本种茶的先导。至今，在京都比睿山的东麓还立有日吉茶园之碑，其周围仍生长着一些茶树。南宋时期，日僧荣西两次来华，回国后撰写了《吃茶养生记》两卷，宣扬茶的强身健体功效，因此在日本被尊称为"茶祖"。正是因为荣西的努力，茶在日本僧界、贵族、武士阶级以及平民中广泛流传。日本茶园数量不断

---

① 朱诚如，王天有. 明清论丛（第8辑）[M]. 北京：紫禁城出版社，2008.

增加，名产地不断增多。不仅日本，英国、美国也曾派遣专人到中国来学习茶树栽培和茶叶加工技术。

### （三）通过贸易将茶传到国外

国与国之间的贸易往来是茶叶传播到国外最常见、最直接的方式。前文提及的威廉·乌克斯的《茶叶全书》对中国商人与土耳其商人以茶易物的记载，是现存中国茶叶对外贸易的最早记录。

又据唐代封演的《封氏闻见记》记载，在8世纪末唐德宗时期，京城长安与西北边境以及中亚、西亚地区已经开始通过以马易茶的方式开展贸易活动，使茶沿着张骞出使西域开通的丝绸之路走出中原，进入西域。1689年，中俄签订《尼布楚条约》，其中增添了不少商务内容，茶叶贸易是其中之一。此后，俄国商队源源不断地来到中国，将茶叶和丝绸贩运至欧洲。1728年，中俄签订《恰克图条约》，为中俄茶叶贸易打开了一条发展通道。从此，中俄茶商在边境进行以茶易物。

又据晚清王之春《清朝柔远记》记载：随着清时海禁的逐渐松弛，至1729年，"诸国咸来（厦门）互市，粤、闽、浙商亦以茶叶、瓷器、色纸往市"。当时，厦门已发展成为一个进出口贸易港口，清政府不但允许东南亚各国商人携货前来贸易，而且也允许广东、福建、浙江商人来厦门，并从厦门去东南亚各国开展茶叶贸易活动。从此，中国茶叶源源不断输入东南亚诸国。

中国海上茶叶贸易肇始于1516年，当时西方葡萄牙商人经马来半岛的麻剌甲（今马来西亚马六甲）率先来到中国开展包括茶叶在内的贸易活动。从此打开了海上茶叶贸易活动的门户。

19世纪80年代，中国茶叶出口创历史最高纪录。根据当时海关统计，1886年，中国茶叶出口量达到1.34万吨，占世界茶叶出口总量的80%以上。[1]

由上可见，中国茶叶对外贸易，在17世纪前，虽然通过陆路与海路都有贸易在往来，但数量有限，主要对象是亚洲，如日本、朝鲜半岛，以及西亚、中亚等近邻国家。17世纪开始，中国茶叶才开始大批量地北上俄国，并通过海路进入西方世界。表明以经贸方式将茶叶传播到世界各国，对外贸易是最主要的一条传播途径：它受众面广，限制因素少，因此成为历史上中国茶叶输出国外，走出

---

[1] 张渤，侯大为. 武夷茶路 [M]. 上海：复旦大学出版社，2020.

国门，进入世界最主要的传播途径。[①]

### （四）应邀赴国外发展茶叶生产

近代以来，应各国政府和有关组织的邀请，中国政府或相关组织直接派出专家赴国外发展茶业生产，也是中国茶走出国门的一种重要方式。例如，1812 年至 1825 年，葡萄牙人先后从澳门招募了几批中国种茶技工前往巴西种茶。为表彰这些中国种茶技工对巴西茶叶生产做出的贡献，巴西政府在里约热内卢国家公园内修建了中式亭子以示纪念。[②]1834 年，英国东印度公司派出专人来中国学习茶籽、茶苗种植技术，招募制茶技工，制茶得以在印度发展。[②]1875 年姚桂秋和凌长富受日本政府邀约前往日本传授和指导制茶工艺。[③]

在格鲁吉亚，人们喜爱一种名为"刘茶"的红茶，这种茶由茶商刘峻周培育的茶树鲜叶制成，故称。1987 年，刘峻周应邀将茶籽、茶苗带到了黑海沿岸的格鲁吉亚巴统市试种，3 年后获得成功，并建了一间小型加工厂试制茶叶。在 1900 年的巴黎世界博览会上，刘峻周的"刘茶"获得了金奖。[④]中国茶这一对外传播方式也搭建起了象征中国与各国人民友好情谊的桥梁。

在上述四种传播方式的作用之下，茶已经成为惠及世界的大众化健康饮料，由其衍生出的茶文化也成为世界文化的重要组成部分。

## 三、中国茶文化传播案例

### （一）中日茶缘：中日茶文化的交融与碰撞

自古以来，茶文化不仅在中国广泛流传，也对周边国家产生了深远的影响。日本便是深受中国茶文化影响的国家之一。在引进中国茶文化的基础上，日本结合自己的地域特色、民族特性和文化传统，对中国茶文化进行了本土化的创新与发展，最终形成了独具特色且在世界范围内具有一定影响力的日本茶道。

---

① 郑春英.中国茶艺 [M].北京：中国轻工业出版社，2019.
② 《茶韵丝路》编写组.茶韵丝路 [M].大连：大连海事大学出版社，2018.
② 庞杰，余华，梁文娟.食品文化简论 [M].北京：中国轻工业出版社，2022.
③ 南开大学历史研究所，张友伦，米庆余.日美问题论丛 [M].天津：天津教育出版社，1989.
④ 广东省地方史志编纂委员会.广东省志·华侨志 [M].广州：广东人民出版社，1996.

### 1. 日本茶道的形成

日本的茶文化爱好者在大量学习中国茶文化后,结合本土特色对中国茶文化的内容进行了创造性的思考吸收,最终开创了日本茶道,并很好地传承下来。日本茶道在20世纪50年代至90年代经过各种形式的文化传播,在世界范围内树立了自己的地位,形成较大的影响力。

如前所述,中国的茶早在8世纪就传入了日本。唐代时,日本的僧侣永忠、最澄、空海等大师,先后带回了团茶和茶种,模仿唐朝的饮茶习俗,并以饮茶赋诗为雅趣,以此作为一种时尚风靡于日本上流社会。日本嵯峨天皇十分喜欢饮茶,写下了"吟诗不厌捣香茗,乘兴偏宜听雅弹"的汉诗。日本禅宗始祖荣西两次来中国,不仅带回了茶籽,还撰写了《吃茶养生记》,对茶的功效、价值等做了阐发,称赞茶"乃养生之仙药,延龄之妙术"。这本书对茶文化在日本的传播和日本茶道的形成起了重要作用。① 后来,奈良称名寺僧人村田珠光进一步吸收中国禅宗文化的"苦寂"意识和"省定""内敛"等特征,提出"禅道点茶法",强调饮茶是控制欲望和修身养性的一种办法。16世纪末,村田珠光的弟子千利休继承和发扬了历代茶道精神,创立了日本正宗茶道。自此之后,日本茶道被认为是日本文化的最高代表,日本民族精神的象征。

### 2. 日本茶道精神内核

日本茶道精神内核就是千利休提炼出的"和、敬、清、寂"四规,要求人们通过在茶室中饮茶进行自我思想反省和与他人的思想沟通,于清寂中去掉自己内心的尘垢和与他人的芥蒂,以达到和敬的目的。其中,"和"指茶人之间的和谐、团结与平等;"敬"表示茶事中对长辈的尊敬和对朋友的敬爱;"清"强调心态的清静平和以及茶具和茶室环境的清洁;"寂"则指环境的闲寂幽雅,可以使人精神专注并达到忘我的境界。

### 3. 现代日本茶道活动的流程

千利休创立日本正宗茶道之后,多个茶道流派应运而生,其中表千家茶道流、里千家茶道流和武者小路千家茶道流共同构成了"三千家",成为日本茶道的中流砥柱。如今,日本茶道已演化为一种通过点茶、品茶来促进主客交流的传统艺术形式,它不仅是日本人修身养性、提升文化素养的途径,也是社交的重要手段。一套完整的日本茶道活动长达4小时,充分展现了日本茶道的严谨与庄重。

日本茶道活动一般分为"初座"和"后座"两个阶段,其中"后座"是茶道

---

① 崔卫国. 中日比较谈[M]. 北京:经济日报出版社,2014.

的重头戏。茶事开始前,主人须在门口跪迎宾客,这一过程称为"初座"。客人抵达后,主人会先引领其至一小房间内饮用热水,换上传统的和服。随后,客人会参观主人已打扫干净的庭院,再进入清雅别致的茶室。茶室内一般悬挂有书法作品,并摆放着素雅的鲜花,客人进入后会先进行书道和花道的鉴赏。接着,主人会表演添炭技法,由于日本茶道仍采用以炭烧水的方式,因此添炭是烧水过程中必不可少的步骤。在整个茶道过程中需要添三次炭,此次添炭被称为"初炭"。之后,主人会提供清淡的怀石料理,这些菜精挑细选,经过多道工序,品质优良。用完后,客人会到茶庭稍作休息,这被称为"中立"(见图1-11至1-13)。

图1-11  日本庭院　　　图1-12  日本茶客　　　图1-13  日本茶具

客人再次进入茶室后,便进入了"后座"阶段。在严肃的气氛中,主人会再次添炭,称为"中炭"。随后为客人点上一杯"浓茶",其浓稠程度如同粥一般。由于在"初座"时客人已经吃过点心,因此在饮用时不必担心其会损伤胃黏膜。喝浓茶的茶碗只有一个,每位客人在吃了和果子并向主人以及旁的客人鞠躬后方可饮几口浓茶,然后取纸擦去自己留在茶碗上的痕迹,递给下一个客人。客人喝完"浓茶"后,主人会第三次添炭,称为"后炭"。添炭后,主人会再为客人点上一杯"薄茶",尽管其名称中含有"薄"字,但口味并不清淡,反而味苦干涩。之后,客人还可以欣赏茶具,再退出茶室,至此茶道活动便完成了。茶道结束后,主人会跪坐在茶室门侧送客(见图1-14至1-17)。

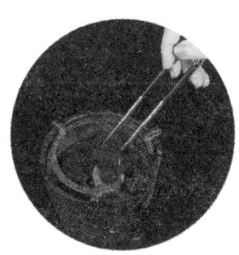   

图1-14  添炭　　　图1-15  浓茶　　　图1-16  薄茶　　　图1-17  和果子

在整个过程中,"和、敬、清、寂"的茶道精神贯穿其中。无论是客人整理衣服、主人恭候客人大驾的场景,还是客人跪拜告别、主人热情相送的画面,都体现了"和"与"敬"的精神;而茶室的干净整洁、点茶过程中的多次擦拭茶具以及主人点茶时的专心致志、客人静坐一旁的场景,则展现了"净"与"寂"的内涵。整个茶道活动安静而和谐。

**4. 日本茶道与中国茶文化的对比**

任何一个民族在引进外来文化时都会经历一个学习、思考、吸收、融入的过程。无论茶道器具、点茶过程还是思想精神,都可以从中看到日本茶道与中国茶文化之间存在的源与流的关系。两者的区别也较为明显。

**(1)精神内核**

中国茶文化历史悠久,其精髓深深植根于中国传统文化的土壤之中,融合了儒家、道家、佛教的思想精髓。中国茶道强调"和"的精神,追求人与自然的和谐统一,以及茶与器、人与人、人与己的和谐。在表现形式上,中国茶文化重精神而轻形式,茶艺是其核心,注重制茶、烹茶、饮茶的技术与艺术享受,"关公巡城""韩信点兵"等茶艺表演,展现了中国茶文化的深厚底蕴和审美情趣。中国茶文化的普及面广,深入民间,茶馆、茶亭、茶室遍布城乡,成为大众日常生活的一部分。日本茶道在吸收和继承中国茶道的基础上,结合自身的文化传统,发展出了独特的艺术形式和精神内涵。日本茶道讲究"和、敬、清、寂",追求一种不要繁华、不要装饰、直指本源的精神境界,强调主人与客人之间的和睦、有礼有节,茶室茶具的清洁以及茶事上恬静的气氛。日本茶道中的茶具和茶室设计,如不对称的茶碗、色彩丰富的茶室装饰,以及"和室"内的榻榻米等,亦体现了日本茶人独特的审美情趣和哲学思想。

**(2)内容形式**

中国茶文化博大精深,包括茶政、茶艺、茶仪、茶礼、茶道精神等与茶相关的众多文化现象。中国茶艺表演虽然遵循传统,但允许创新,大部分茶人饮茶时亦没有固定模式,更强调和谐和包容。而日本茶道的流程更加固化和繁琐,非常重视形式上的规范与礼仪,有一整套煮茶、泡茶、品茶的规定程序,且着装庄重、严肃。这与日本茶道传承采取家元制度的做法有关。家元是指那些在传统技艺领域里负责传承正统技艺、管理一个流派事务、发放有关该流派技艺许可证、处于本家地位的家庭或家族。在家元制度的支配下,日本各茶道流派都竭尽全力谋求发展以巩固自己在茶界的地位。这就是日本茶道各流派得以世代相传、欣欣向荣的原因。

### （二）午后茶语：中英茶文化的浪漫邂逅

英国有一句谚语："当时钟敲响四下，世上一切为茶而停止。"可见，下午茶文化在英国是多么重要。英国是世界头号茶叶消费大国，年茶叶消费量约占世界茶叶总产量的四分之一。因为自然各种限制，英国无法种植茶叶，但英国人却用来自中国的舶来品创造了自己独特华美的品饮形态，以内涵丰硕、形式优雅的"英式下午茶"而享誉天下。中英茶文化的浪漫邂逅，耐人寻味。

#### 1. 茶在英国的传播与普及

国内学者研究认为，茶在英国的传播与普及过程大致可以划分为三个阶段：首先是初步接触阶段，时间跨度为17世纪中叶至17世纪末，这一阶段饮茶者主要局限于社会上层，茶的用途也逐渐从药品和饮品转变为主要作为饮品；其次是深入传播阶段，时间跨度为18世纪初至18世纪后半期，这一阶段饮茶被中产阶级接受并日渐普及，与此同时，社会各界围绕饮茶的功效与茶叶对经济社会的影响展开了激烈的论争，人们对饮茶的态度也由片面的鼓吹转变为客观的认识；最后是全面普及阶段，时间跨度为18世纪末期至19世纪初期，随着对饮茶的深入认识以及茶叶贸易的迅速发展，饮茶在社会下层劳动者中也传播开来，最终在英国社会全面普及。

#### 2. 推动英国下午茶发展的三位重要人物

随着饮茶在英国的传播，英国本土化饮茶方式，即下午茶，最终形成。而英国下午茶得以发展，离不开以下三位重要人物。

第一位重要人物是伦敦商人托马斯·加威，一名烟草商兼咖啡馆老板，他1657年从中国进口了一批茶叶，然后在自己的咖啡馆中售卖茶水。由于当时茶叶价格昂贵，茶水也价格不菲，销量有限。1660年，他在当时的主流报纸上打出茶叶广告，广泛宣传茶叶的基本知识尤其是饮茶功效，极大地推动了茶叶在英国的传播。

第二位重要人物是凯瑟琳皇后，她使饮茶成为一种时尚。1662年，葡萄牙公主凯瑟琳嫁给英王查理二世，她的陪嫁品中有221磅（约100千克）红茶和一些精美的中国茶具。当时，红茶的贵重程度堪比金银，凯瑟琳皇后高雅的品茶爱好引起贵族们争相效仿。她不仅饮茶,还宣传茶的功效,说饮茶使她身材苗条。这一说法引起了诗人埃德蒙·沃尔特的兴趣,便作了一首题为《饮茶皇后》的诗献给查理二世,人们随之称凯瑟琳为"饮茶皇后"。

第三位重要人物便是真正将下午茶形式化的贝德福德七世公爵夫人安娜·玛丽亚。1840年前后,当时贵族阶层的饮食习惯是吃非常丰盛的英式早餐,中午则外出野餐或准备简餐,只吃少许面包、肉干、奶酪、水果等。而兼作社交场合的晚餐安排在欣赏音乐会或戏剧之后,常常在晚上8点钟后才开始。这种饮食习惯与人的生理规律极为不相符。为了消除晚餐前的饥饿感,安娜·玛丽亚便让仆人在下午四五点拿一些茶和点心到她的房间供她享用,下午茶的习惯自此开始。后来,她还邀请其他贵族夫人来做客,用红茶和茶点招待她们,这种待客方式广受好评,后便作为贵族女性的午后社交场合而得到推广并固定下来。

在上述三位重要人物的推动下,优雅的下午茶文化也成了最正统的英国茶文化,并伴随着强大的维多利亚时代而举世闻名。

**2. 英国下午茶文化的特色**

英国下午茶文化独具特色,体现在其特有的茶具选择、冲泡及享用上。

英式下午茶的必备器具包括茶壶、配套的茶杯与茶托、三层点心架、糖盅、奶盅以及一些辅助工具,如茶叶量匙、滤茶器和计时器等。其中,茶杯最具代表性,它虽形似咖啡杯,却有独特的设计理念。茶杯从无把手改进为有把手,便于女士握持,同时采用广口设计,既方便加奶加糖,又利于红茶香气的散发。这些器具不仅实用,还兼具观赏价值,坚固耐用且美观优雅。在当时,瓷器从中国进口,价格昂贵,因此下午茶使用瓷器也体现了一种优雅和精致。英国的茶具常常描绘有英国植物和花卉图案,并采用骨瓷制作,即在陶土中加入动物骨灰烧制而成。

作为一个温带海洋性气候的岛国,英国潮湿阴冷且多雨,因此性状温和、有助于驱散寒气的红茶成了下午茶的首选,尤其是便于长途运输的品种,如大吉岭红茶、乌沃红茶和祁门红茶。冲泡时,通常将茶叶置于茶壶中,加入奶和糖进行调味,再分别倒入茶杯中供人品尝。

虽然下午茶的冲泡方式相对简单,但享用下午茶时却有着一套相对固定的流程。以下午茶点心的摆放和食用为例,点心通常摆放在三层托盘架上,食客须自下而上依次品尝。先是味道稍重或有咸味的饼干、三明治、牛角面包等，接着是传统的英式松饼，最后是顶层的水果和小蛋糕，遵循先咸后甜的顺序（见图1-18）。可以看出，英国特色的下午茶，其特色中既体现了中国茶文化的影响，也展现了英国人的创新和改造能力。

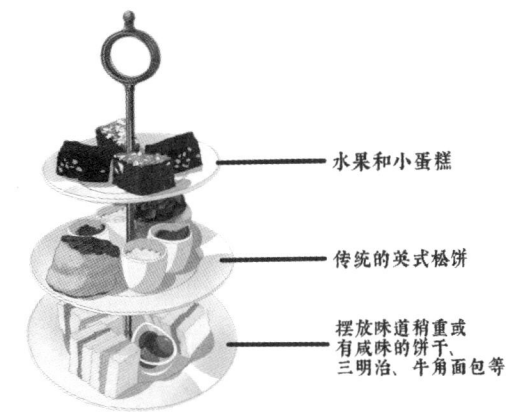

图1-18 英国下午茶茶点

### 3. 中英茶文化的对比

无论是中国的茶文化还是英国的下午茶文化，它们都是伴随着饮茶习俗的演变而逐渐发展起来的，各自拥有一套独特的专用器具与流程，同时也留下了众多具有代表性的相关绘画、著作和精美器物。中英两国都对礼仪极为重视，其茶文化也反映了这一点。中国自古以来就强调礼仪，对泡茶者与饮茶者的着装、仪态举止都有一定的要求，甚至在语言表达上也需遵循一定的礼数。同样，英式下午茶也拥有其独特的礼仪规范，尤其体现在着装上：男士常着燕尾服，佩戴高帽并手持雨伞；女性则穿着洋装并佩戴帽子。茶会通常由女主人亲自操办，以此表达对客人的尊重与重视。然而两者之间的差异也颇为显著。

首先，从饮茶方式上来看，英国下午茶文化倾向于调饮，即在茶中加入奶和糖，而中国茶文化虽然历史上也有过加盐的饮法，但从宋代开始，更推崇的是清饮，即直接品味茶的原味。此外，中国现代茶文化中，茶的种类繁多，包括六大基本茶类如黑茶、红茶、白茶、黄茶、绿茶和青茶等，以及再加工茶，品种丰富多样。而英国下午茶文化则偏爱红茶，尤其是某些特定品种的红茶。

其次，在饮茶器具方面，英国下午茶使用的是特制的茶具，质地以骨瓷为主，彰显出优雅与精致。而中国历史上则更偏爱使用瓷器和陶器，尤其是明清以后，紫砂壶成为茶人们的挚爱，而到了现代，玻璃器具也逐渐受到年轻茶友的喜爱。英国下午茶的冲泡流程相较于中国现代功夫茶来说，更为简单，茶具也相对固定。

最后，在文化内涵方面，中国人历来讲究内敛与含蓄，往往不直接用语言清晰表达内心的想法，而是通过其他方式委婉地暗示。古人在饮茶时，更注重茶本身的色、香、味、形,以此显示自己不受俗世干扰、淡泊明志、超凡脱俗的"清高"境界。因此,中国人饮茶更喜静谧,讲究闲适与雅静。而英式下午茶除了最初是为了消除饥饿感,更多成为一种社交方式,因此整体氛围和谐优美,充满生机与活力,风格更类似于中国的茶会。值得一提的是,英式下午茶还被英国女性视为解放自身的工具。在下午茶形成的主要时期——维多利亚时代,茶会刚兴起时,参与者多为贵族妇女,茶会为她们提供了一个谈论时事的场所。为了规范女性在茶会中的行为,中产阶级男性通过制定茶会礼仪来要求女性穿着固定的茶服,不许其谈论时事,要求其只能围绕音乐、艺术、文学等话题展开讨论,并保持幽默且优雅的谈吐。然而,在女性解放思潮的冲击下,19世纪末到20世纪初,英国女性积极谋求自身角色的转变,她们在家庭、经济和政治领域中争取与男性的平等地位。茶文化成为女性走向公共领域的途径以及寻求自我解放的重要工具。女性通过打破茶会的束缚,扩大自己的社交圈和信息来源,同时借助茶室举办各种女性解放活动,利用茶文化筹集资金并扩大宣传。因此,从英式下午茶的文化内涵来看,除了具备社交功能和展示良好礼仪,它还蕴含着独特的政治文化内容。只有深刻认识到这一点,我们才算真正理解了英式下午茶的精髓,而不是仅仅局限于了解其独特的仪式感。

## 学习目标

1. 厘清茶艺、茶道、茶文化的内涵和关系。
2. 掌握中国是茶的发源地的证据。
3. 明晰中国茶对外传播的方式。
4. 掌握中国茶对外传播的路径。
5. 理解日本茶道精神。
6. 理解英国下午茶文化的内涵和特色。

## 课堂讨论

1. 大学生学习中国优秀茶文化有什么意义和价值？
2. 中国茶文化中哪些元素应该作为优秀文化的精神内涵和标识？
3. 在"一带一路"倡议背景下中国茶文化的对外传播路径如何创新？
4. 你如何理解日本茶道的核心精神和价值观？请思考并阐述日本茶道精神在现代社会中的应用和价值。
5. 你认为英国下午茶文化对现代社会的发展有何意义？中英茶文化交流该如何进行？

## 课后思考和作业

1. 搜集"一带一路"倡议的相关政策和资料并梳理脉络。
2. 你认为论证中国是茶文化起源地的证据还有哪些？
3. 假设你要向一群外国朋友介绍中国茶文化，请设计一个包含茶艺表演、茶品鉴、茶文化讲座等环节的传播方案，并简要说明设置每个环节的目的和每个环节的具体内容。
4. 如果有机会，请亲自体验一次日本茶道，并记录你的观察和感受。如果没有机会，请通过阅读相关资料或观看视频，研究日本茶道的礼仪、茶具和内涵，并撰写一份简短的总结报告。
5. 请组织一次模拟英国下午茶活动，准备典型的英国下午茶点心和茶饮，邀请朋友或家人一起参与。在活动结束后，写一篇短文描述活动的氛围、参与者的反应以及你对英国下午茶文化的进一步理解。

第二章
饮茶史鉴:品鉴茶味的千年变迁

## 第一节　茗途三变：茶的药用、食用和饮用

**知识导读**：茶，这一源自中国的神奇叶子，承载着丰富的历史文化。它最初因药用价值被人们认识，随后经历了从食用到饮用的转变。这一演变过程不仅展现了茶的多功能性，也标志着茶文化的形成和传播，体现了茶在人类历史和文化中的重要性。

### 一、茶的药用

神农被视为中华文明中农耕与医药的开创者。相传神农尝百草，以教民识别草木滋味，其中便包括茶。有一次，神农在野外误食有毒植物，生命垂危之际，恰好有树叶落入其口中，服后得以解救。基于尝百草的经验，神农认定这是一种具有解毒功效的草本植物，茶因此被发现。这一传说虽未得史料证实，但原始社会的部族首领与巫医们为鉴别食物，亲身尝试百草，发现茶能解毒，这既符合当时的生活实践，也具有一定的科学依据。

### 二、茶的食用

茶从药用到食用的转变是一个渐进的过程。早期，人们将茶作为药材使用，后来逐渐发现其独特的口感与香气，开始尝试将其作为食物。

关于茶作为食物的记载，最早可见于《诗经》。《诗经》中多处提及"荼"（"茶"），尽管有些学者认为它们指的是苦菜或茅草，但有学者认为它们指的是茶树上的嫩叶。例如，《邶风·谷风》中的"谁谓荼苦，其甘如荠"，就表达了茶虽带苦味，但品尝起来却甘甜如荠菜的特点。

上古时期，人们主要以采集树叶、野草和野果等食物为生，茶树嫩芽在不经意间成为食物，也是极有可能的。因此，《诗经》时代的人们以茶入食，亦是有可能的。

史籍中关于茶的食用最早的记载可见于《晏子春秋》。书中记载，春秋末期的思想家、政治家和外交家晏婴力行节俭，他的饮食中除了糙粟饭和三五样荤菜，只有"茗菜"。有学者认为，这里的"茗菜"可以理解为以茶为原料制作的菜肴。这一记载不仅表明茶在当时已开始作为食物被食用，而且还与节俭的精神相结合。

在食用茶的阶段，人们主要将茶作为杂粮或调料。茶的食用方式多样，其中

最常见的是将茶嫩叶煮成羹饮或加入其他食物中一起烹饪。例如,东汉至三国时期的文人张揖所著《广雅》中记载了一种将茶与其他食物掺杂在一起食用的方式,通过此方式制作出来的食物被称为"茶粥":"荆巴间采叶作饼,叶老者,饼成以米膏出之。欲煮茗饮,先炙令赤色,捣末置瓷器中,以汤浇覆之,用葱、姜、橘子芼之,其饮醒酒,令人不眠。"西晋傅咸的《司隶教》中记载了一个关于茶粥的故事:"闻南市有蜀妪作茶粥卖,为廉事打破其器具。后又卖饼于市,而禁茶粥以困蜀姥,何哉!"这说明茶粥作为一种食品已经在市场上销售,并受到了人们的喜爱。①

随着时间的推移,茶的食用逐渐得到了推广和普及,为其后来的饮用奠定了基础。

云南基诺族至今仍有吃"凉拌茶"的习俗。凉拌茶以现采的鲜嫩茶树新梢为主料,配以黄果树叶、辣椒、大蒜、食盐等制成,具体可依个人喜好而定。制作时,将鲜嫩的茶树新梢揉碎后放在碗内,再加入揉碎的黄果树叶、切细的辣椒和大蒜以及适量食盐,最后加入少许泉水搅匀即成,多配米饭食用。

### 知识链接　《诗经》中的茶

《诗经》中涉及"茶"字的共有七处:《邶风·谷风》中的"谁谓茶苦,其甘如荠";《大雅·绵》中的"周原朊朊,堇茶如饴";《郑风·出其东门》中的"出其闉阇,有女如茶";《豳风·七月》中的"采茶薪樗,食我农夫";《豳风·鸱鸮》中的"予手拮据,予所捋茶";《周颂·良耜》中的"其镈斯赵,以薅茶蓼。茶蓼朽止,黍稷茂止";《大雅·桑柔》中的"民之贪乱,宁为茶毒"。

## 三、茶的饮用

三国时期,茶在南方已普遍作为饮品。据《三国志·吴志·韦曜传》记载,吴帝孙皓每次设宴,座客至少饮酒七升,即使不饮尽,也要亮杯以示。而其臣下韦曜饮酒不过二升,孙皓便悄悄地赐茶水以代酒。这说明在吴国的宫廷里,茶已经被作为一种饮品。

---

① 参见王旭烽.茶文化通论[M].杭州:浙江大学出版社,2020.

从最初的药用到后来的食用和饮用，茶始终与中国人紧密相关。它不仅满足了人们生理上的解渴需求，还承载了丰富的文化内涵和历史底蕴。

## 第二节　唐风煎茶：盛世中的茶艺盛宴

**知识导读**：煎茶，不仅是一门生活艺术，更是文化与哲学的结晶。它起源于茶圣陆羽的《茶经》，是唐代流行的饮茶方式，故称"唐风煎茶"。唐风煎茶讲究茶、水、火、器的和谐统一，将简单的饮茶提升为一种精神的享受。唐风煎茶注重煎水与煮茶的技巧，也蕴含丰富的文化内涵。通过茶艺活动，人们不仅可以品味到茶的香醇，更能修身养性。

### 一、煎茶的概念

中国的饮茶习俗，是一门深邃的艺术与独特的文化。这一艺术与文化的起源，可追溯到唐代，其表现形式即为"煎茶"。煎茶指的是一种将茶饼碾磨成细末后，投入沸水中煎煮并讲究茶、水、火、器的精致饮茶方法。唐代的茶圣陆羽极力推崇清茶的烹煮方式，认为早期在茶汤中添加调料的烹煮方式所调制出的茶汤犹如"沟渠间的废水"。他讲究技艺，要求茶、水、火、器四者完美结合，特别强调煮茶技艺，并注重情趣的融入，从而使饮茶成为一种艺术的实践。陆羽认为，煎茶的核心在于煎水，待水烹煮至适宜温度后，再倒入茶末烹煮，这是一种独特的品饮方式。

## 二、煎茶的流程

《茶经》详细记录了当时采摘、制造茶叶所必需的19种工具，饼茶制作的6道工序，并按外形的匀整和色泽将其分为8个等级。同时，《茶经》还列举了28种煮茶和饮茶的器具，并强调了烤茶的方法、烤茶原料的选择、煮茶用水的挑选、煮茶及饮茶的方式。基于这些记载，我们可以将煎茶的流程概括为以下两大主要步骤：饼茶的处理与煎水酌茶。

### 1. 饼茶的处理

在唐代，饼茶是流行的茶叶形态，但饼茶并不适合直接煎饮，必须经过加工。加工过程包括炙、碾、罗三道工序。

①炙：持以逼火，屡其翻正，候炮出培塿状虾蟆背，然后去火五寸。[1]

炙就是烤茶，饼茶存放时会吸收一些水分，烤干才容易逼出茶香。烤饼茶，不能通风烤，也不能在燃烧殆尽的余火灰烬上烤，火焰飘忽，冷热不均，都会影响烤制质量。烤炙时，用夹子夹住饼茶，尽量靠近火，时时翻转。烤出像虾蟆背一样的小泡的时候，离火五寸，即用文火慢烤，等到饼面松开，再按原来方法重烤，直到水汽蒸发完毕。

②碾：既而，承热用纸囊贮之，精华之气无所散越，候寒末之。

饼茶烤好了，趁热用纸袋装起来，使它的香气不致散发，等冷了再碾成末。碾茶的用具是碾与拂尘。茶碾在唐代一般为木制品，《茶经》有云：碾以橘木为之，次以梨、桑、桐柘为之，内圆而外方。

③罗：罗末以合盖贮之。

碾碎的茶末还要罗，罗是为了不让茶末过粗。罗就是筛子，底盘以竹节做成，口径只有四寸（约13厘米），上面复以纱或绢。纱绢孔眼有多大难以知晓。高级的茶末应该是颗粒状而不是片状或者粉末状。碾成罗毕的茶末，色泽金黄、均匀细整。

### 2. 煎水酌茶

与以前不同，唐风煎茶注重煎水的过程，区分了一沸水、二沸水、三沸水的不同状态：如鱼目，微有声，为一沸；缘边如涌泉连珠，为二沸；腾波鼓浪，为三沸；已上，水老，不可食也。煎水时，燃料的选择也至关重要。陆羽认为木炭

---

[1] 参见陆羽.茶经[M].北京：中国画报出版社，2018，后同。

是最佳选择，其次是硬柴。

煎水的工具是陆羽设计的釜，即一种大口锅，两侧有方形的耳，水放入釜中烧开。第一沸时，需要加入适量的盐来调味。到了第二沸时，舀出一瓢水，用竹夹在水中搅动，形成水涡，然后用"则"（即标准权衡器）量取一则茶末投入水涡中心加以搅拌。第三沸时，将原先舀出的一瓢水倒回去，使开水停沸，这时会出现很多"沫饽"，即茶汤上的沸沫、汤花。古人认为汤花多为胜。等到汤花漂浮，茶香也"发挥"得恰到好处了，这时开始"酌茶"。酌茶就是用瓢向茶盏分茶。"凡酌置诸碗，令沫饽均。"酌茶的基本要领是各碗的沫饽均匀，若不匀，茶汤滋味就不一样了。茶汤与汤花均匀地分到各盏，每盏之中，嫩绿带黄的汤色上浮动着如同积雪的汤花，相映成趣。对于酌茶的数量，陆羽也有规定，他反对随便添水，提出茶汤煎毕，"珍鲜馥烈者，其碗数三，次之者，碗数五"。也就是说，用一"则"茶末煎一升茶汤，如果要求茶味浓郁，可酌三碗，次一等的，酌五碗，原汁饮用，趁热喝完，不至于使"精英随气而竭"。剩下的，由于"沫饽"酌完，淡而无味，不是为了解渴就不要喝了。

通过精细的煎茶工序（见图2-1），唐人将饮茶从简单的解渴提升为一种艺术享受，使人在品味茶汤的过程中忘却烦恼，沉醉于恬淡安宁的境界，从而获得物质与精神的双重满足。

图2-1 唐代煎茶法

### 知识链接　"大唐皇家茶宴"：茶文化新名片

2018年10月11日，第六届中国西部茶产业博览会暨2018首届丝路陕茶文化节在西安曲江国际会展中心隆重开幕。开幕式前，由观汉雅集大唐茶宴团带来的"大唐皇家茶宴"在展会上首演，受到了现场嘉宾的一致好评，为展会增色不少。炙茶、白茶、碾磨、过筛、烹茶、分茶、吃茶等步骤，在身着唐装的茶艺师演绎下，让现场观众大饱眼福，茶艺师使用的茶具均是按照唐代宫廷用品仿制，真实地还原了唐代烹茶的全过程，复杂的程序让现场观众对唐代宫廷茶文化的高规格惊叹不已。

"大唐皇家茶宴"是唐代高规格的仪式活动，其仪规由朝廷礼官主持，宴请的宾客都是各国使节、王公贵族、有功之臣的亲眷等，仪仗壮声威，乐舞娱宾客，使用奢华精美的宫廷茶器，由茶博士携女官用煎茶法烹煮千里加急送来的第一等"急程茶"，皇帝与大臣共享，以显示君王追抚怀远、泽被群臣的风范。

数字资源

## 第三节　宋雅点茶：文人墨客的品茗雅趣

**知识导读**：宋代，茶的饮法经历了从煎茶到点茶的转变，无论是点茶技巧还是分茶技艺，都展现了极高的艺术性和技巧性，故称"宋雅点茶"。尽管宋代分茶技艺的具体方法已失传多年，但近年来在茶学界和茶业界的努力下，这一古法技艺得以部分恢复，为中国茶文化的传承和发展注入了新的活力。

从煎茶到点茶，就是从将茶饼研磨后投入沸水中制成茶汤，过渡到了直接用沸水调和茶末。因此，宋代点茶法，实质上就是一种以沸水调和茶末的品饮艺术。

## 一、点茶的具体流程

点茶的具体流程在《茶录》中有着详尽的记载（见图2-2）。蔡襄乃北宋名臣，不仅书法造诣深厚，对茶学也有深入的研究。他将点茶法细分为6个步骤：炙茶、碾茶、罗茶、候汤、熁盏、点茶。

①炙茶：于净器中以沸汤渍之，刮去膏油一两重乃止，以钤钳之，微火炙干，然后碎碾。[①]

将茶饼放在干净的容器中，用热水浸泡后刮去表面的膏油，再用夹子夹着放在文火上烤制。这样既能去除多余的水分，便于后期的碾磨，又能促进茶香的挥发。

②碾茶：碾茶先以净纸密裹椎碎，然后熟碾。

将处理过的茶用干净的纸包裹，用椎敲碎，然后用碾轮或茶磨将茶碾碎碾细，直至茶末呈现出显白的色泽。

③罗茶：罗细则茶浮，粗则水浮。

将碾好的茶末过筛，粗末再碾、再罗，力求茶末的精细，因为茶末越细，越能浮于水面，这是点茶的关键之一。《大观茶论·罗碾》中也要求多加罗筛，使"细者不耗"，这样点茶时才能使茶末"入汤轻泛"，而泛者，浮也。丁谓《煎茶》诗曰："罗细烹还好"。这说明罗茶的标准是茶末越细越好。

④候汤：未熟则沫浮，过熟则茶沉，前世谓之蟹眼者，过熟汤也。

候汤指煮水，这一步讲究三沸。蔡襄认为候汤最难，因为水一旦过老，就不利于茶末浮于表面。他所说的"老"，是指水烧到冒泡，且泡有蟹眼大小时的状态。

⑤熁盏：凡欲点茶。先须熁盏令热。冷则茶不浮。

熁就是烤，这里的熁盏只是用热水去温盏，并非放到火上烤制。熁盏的目的是让茶盏温热，因为冷的茶盏无法使沫饽漂浮。

前面这5个步骤都是为了尽可能让茶末浮于水面，也就是在为第六步点茶做准备。

⑥点茶：钞茶一钱匕，先注汤，调令极匀，又添注之，环回击拂。

点茶先投茶，投茶量约为7克，这是很浓的茶汤的用量。然后注入少量沸水，调匀，谓之调膏。接着再注入沸水，用茶筅环回击拂，使茶汤表面产生丰富的沫饽。

点茶完成后，宋人会从三个方面来评判茶汤的优劣：

一是茶汤的色泽是否呈白色，以茶汤洁白如乳者为上，即"茶色贵白"；以

---

[①] 参见蔡襄. 蔡襄全集 [M]. 陈元庆等校注. 福州：福建人民出版社，2015，后同。

茶汤像白米粥冷凝成块后表面的形态和色泽者为佳，称"冷粥面"。

二是茶盏四周是否有水痕，即"咬盏"时间的长短。凡悬浮在水面的茶沫很快消失而露出水痕者为下。汤散退后在盏壁留下水痕叫"云脚散"，此谓不佳。

三是茶汤面上是否浮有细茶末，凡茶汤面上茶末先沉者为下，后沉者为上。如果茶末碾得不细，注水后调和不匀，茶末就会很快沉入碗底。

图 2-2　宋代点茶法

## 二、分茶技艺

除了点茶，宋代还有一种独特的分茶技艺。宋代的分茶，基本上可以视作在点茶的基础上更进一步的茶艺，一般的点茶，只需在注汤过程中边加水边击拂，使激发起的茶沫紧贴着茶碗壁就可以算成功了。而分茶则是要在注汤过程中，用茶匙（徽宗后以用茶筅为主）击拂拨弄，使激发在茶汤表面的茶沫幻化成文字，以及山水、草木、花、虫、鱼等多种图案。作为一项极难掌握的神奇技艺，分茶得到了宋代文人士大夫们的推崇，并且也成为他们雅致闲适的生活方式中的一项活动，如"晴窗细乳戏分茶"等。杨万里《澹庵坐上观显上人分茶》详细记述了一次分茶活动的情形：分茶何似煎茶好，煎茶不似分茶巧。蒸水老禅弄泉手，隆兴元春新玉爪。二者相遭兔瓯面，怪怪奇奇真善幻。纷如擘絮行太空，影落寒江能万变。银瓶首下仍尻高，注汤作字势嫖姚……

然而，关于分茶技艺的具体方法，古人只留下了只言片语，导致这门艺术性极高的茶艺一度失传。

幸运的是，近年来茶学界和茶业界都有人致力恢复这种古法技艺。例如，福建省非遗茶百戏代表性传承人章志峰先生认为用清水使茶汤幻变图案是茶百戏的灵魂和本质特征。通过20多年的不断研究和大量实践，他终于在2008年成功恢复并对外公布了这一技艺。这一成就不仅让我们得以感受宋代分茶技艺的魅力，也为茶文化的传承和发展注入了新的活力。

## 第四节　明清茶事：简约风雅的茶饮变迁

**知识导读**：明代，泡茶法逐渐流行，不仅开启了制茶、饮茶新纪元，更对茶文化产生了深远影响，进一步强化了茶文化在中华传统文化中的作用。清代，饮茶之风进一步流行，茶文化不仅深入市井，还走向世界，提高了中华文化的世界影响力。

### 一、泡茶法的出现与流行

泡茶法始于隋唐，但在唐代并不流行，而因煎茶法的兴起和煮茶法的存在而受冷落。五代、两宋时期又兴起了点茶法。而泡茶法则无需击拂，因此在当时并非主流的品饮方式，知名度不高。

由于饼茶加工成本高昂，且加工过程中需榨尽茶汁，违背了茶叶的自然属性，到了元代，饼茶开始减少，而唐宋时期就已出现的散茶逐渐流行。朱元璋在明洪武二十四年（1391）下诏废除团茶的生产，改贡叶茶，即散茶。品饮叶茶迅速成为文士的雅尚与追求，民间对茶叶也推崇备至。茶叶生产加工技术的变革，带动了饮茶方式的转变，泡茶法开始流行。

明代陈师在《茶考》中详细记载了当时苏、吴一带的烹茶方法："以佳茗入瓷瓶火煎，酌量火候，以数沸蟹眼为节，如淡金黄色，香味清馥，过此而色赤，不佳矣。"意思就是将优质茶叶放入瓷瓶中用火煎煮，注意控制火候，以数沸至蟹眼大小的水泡为最佳，此时茶汤色如淡金，香气清雅，再过火候则茶汤色赤，风味不佳。这便是泡茶法。而杭州一带的烹茶方式则略有差异，"用细茗置茶瓯，以沸汤点之，名为撮泡"，撮泡后再用茶杯、茶盏品饮。其中，"撮"字在此意为用手指捏取细碎之物，明代泡茶法因此又得名撮泡法，即用手指捏取少量茶叶放入茶具中冲泡。无论是壶泡还是撮泡，均称为泡茶法。

## 二、泡茶法的流程

明代张源的《茶录》和许次纾的《茶疏》对泡茶法的流程有详细的论述，归纳起来大致包括备器、择水、候汤、泡茶、酌茶等5个步骤（见图2-3）。

①备器：泡茶法所需的器具主要有茶炉、汤壶（茶铫）、茶壶、茶盏等。由于采用散茶冲泡，因此去掉了唐宋时期饼茶处理所需的炙、碾、罗等茶具，直接用茶炉烧水。

②择水：水品对茶汤的口感至关重要，因此一定要选择上品好水。择水的原则仍是"山水上，江水次，井水最下"。

③候汤：待炉火通红，茶铫始上。刚开始扇火时要扇得轻而快，待听到水声时要扇得重而快，不能停手。观察水沸腾后的水泡大小，如虾眼、蟹眼、鱼眼、连珠，直至腾波鼓浪方是纯熟。同时听水声和观察漂浮的水气，水无声、气直冲贯，方是纯熟。

④泡茶：待汤纯熟便取起，先注少许入壶中祛荡冷气，然后倾出。投茶有上、中、下三种方法：先汤后茶谓上投；汤半下茶，复以汤满谓中投；先茶后汤谓下投。茶壶以小为贵，小则香气氤氲，大则易于散漫。若独自斟饮，壶则愈小愈佳。一壶茶通常配四只左右的茶杯。

⑤酌茶：一壶之茶，一般只能分二三次倒入杯中。杯、盏以雪白为上，蓝白次之。

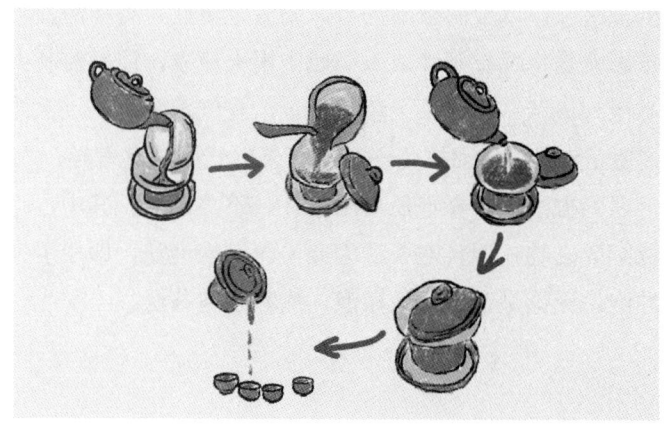

图 2-3　明代泡茶法

### 三、泡茶法的影响

泡茶法的流行，开启了中国制茶、饮茶的新纪元，对此后的中国茶文化发展及传播产生了深远影响。

**1. 促进了制茶技艺的发展，使新茶类型得以创制**

泡茶法推动了饮茶形式的变革，使散茶大行其道，茶商纷纷致力研发新的制茶技艺，各种新茶类型得以创制。如全发酵红茶，创制于 17 世纪的武夷山。清王复礼《茶说》中记载："茶采后，以竹筐匀铺，架于风日中，名曰晒青。俟其青色渐收，然后再加炒焙……独武夷炒焙兼施，烹出之时，半青半红，青者乃炒色，红者乃焙色。"[①] 此外，明代散茶取代团饼茶，促进了炒青技术的进步，炒青后来代替了蒸青。人们在研究炒青制法的同时，不断地创造出黄茶、黑茶、白茶、红茶、青茶等茶类加工方法。散茶的推广，丰富了茶的种类，提高了茶的产量。

**2. 促进了新茶具品种的出现，形成"景瓷宜陶"的格局**

泡茶法简化了冲泡茶饮流程，使得一些茶具如碾茶、罗茶、煮茶之器具失去了用武之地，被束之高阁，促进了一批新的茶具品种出现。明代中期，随着泡茶法在社会上的流行，人们不再崇尚金银茶器，而是使用陶质、瓷器茶具，社会审美情趣发生变化。明代最耀眼的是江苏宜兴紫砂茶壶。宜兴紫砂茶壶兴起的主要原因，一是紫砂茶壶泡茶"既不夺香味，又无熟汤气"之特质与明代的饮茶之风相契合。明代饮茶之风追求茶叶的真味，追求一种自然、清净、超脱的饮茶意境。

---

① 郑培凯，朱自振. 中国茶书·清（上下）[M]. 上海：上海大学出版社，2022.

二是其具有较强的实用性。三是制壶名家辈出,其艺术风格受到世人的大力追捧。

明代逐渐流行的泡茶法强调保留茶叶原香,这使得人们鉴赏茶具的标准发生变化,即"弃黑盏、尚白釉"。随着这一鉴赏标准的变化,以生产青白釉瓷器闻名的景德镇成为全国瓷业中心。当时生产的瓷质茶具,主要是白瓷和青花瓷的茶壶和茶盏。白瓷茶具大多洁白无瑕,正好映衬茶汤的色泽,适合冲泡各类茶叶。而青瓷茶具因其色泽青翠能增益汤色,更适宜用来冲泡绿茶,在明代也受到了欢迎和追捧。"景瓷宜陶"的格局就此形成。

### 3. 促进了文士茶的兴起,带动茶文化的进一步繁荣

明代泡茶法之所以流行,与当时的政局也有一定的关系。不少饱学之士胸怀大志而无处施展,又不愿与世俗权贵同流合污,便寄情于诸种雅事,以琴棋书画表达志向。而饮茶能够与诸种雅事很好地融合,文士茶由是兴起。受此影响,明代文人撰写的茶事专著与艺术作品不胜枚举,带动了茶文化的进一步繁荣。

典型人物就是朱权。朱权系明太祖朱元璋十七子,年十四便得封宁王,后隐居南方,以茶明志,著有《茶谱》一书。在《茶谱》中,朱权对废除团茶后的新的品饮方式进行了探索,提倡品茗时从简行事,开清饮风气之先。朱权在书中还构想了一些行茶的仪式,如设案焚香。他认为这样做既能净化空气,也能净化精神,有通灵天地之意。受炼丹神鼎之启发。他创造了"茶灶"。茶灶以藤包扎,后盛颐改用竹包扎,明人称其为"苦节君",寓逆境守节之意。

到了明代中后期,社会更加动荡不安,纲纪废弛,朝政腐朽,许多士大夫走出官场后,择一地隐居,摆脱世事纷争,以极大的热情投入茶事活动中,不仅亲自种茶、采茶,还热衷于煮茶、饮茶,在俗世中回归自然,愉悦心境。[1]

泡茶法更加强调品茶时自然环境的选择和审美氛围的营造,这在明代文人的艺术作品中也得到了充分的反映,文徵明的《惠山茶会图》《品茶图》等,以及唐寅的《品茶图》《琴士图》《事茗图》等即为代表。

## 四、清代茶业的发展

从明代到清代,我国六大茶类在中国茶史上都占有一席之地。随着清代茶树种植面积和茶叶产量的增加,茶庄茶号纷纷出现,比如杭州翁隆盛茶号、上海汪裕泰茶庄等。茶叶更成为对外贸易中的热门商品,迅速走向世界。

---

[1] 郑培凯,朱自振.中国茶书·清(上下)[M].上海:上海大学出版社,2022.

由于清代统治者，尤其是康熙、乾隆等都酷好茗饮，清代社会饮茶风习极盛。这一时期，各种大小茶馆遍布城市乡村的各个角落，成为上至王公贵族，下到艺人、挑夫、小贩的聚集之地。清代茶馆不仅数量大幅增加，而且在社会功能上也有所拓展，出现了为不同人群服务的特色茶馆。如专供商人洽谈生意的"清茶馆"；表演曲艺说唱的"书茶馆"；兼各种茶馆之长，可容三教九流的"大茶馆"；供文人笔会、游人赏景的"野茶馆"；供茶客下棋的"棋茶馆"等。茶文化深入市井，走向世俗，进入千家万户的日常生活。

清代茶礼、茶俗也发育得更为成熟，礼神祭祖、居家待客时，饮茶成为必行的礼仪。

茶具也在清代得以迅速发展，如宜兴的紫砂茶壶，景德镇的五彩、珐琅彩和粉彩瓷茶具等，在造型及装饰技巧上，达到了精妙的艺术境界。清代除了沿用茶壶、茶杯还常使用盖碗，茶具登堂入室，并逐渐成为一种雅玩，文化品位大大提高。

饮茶在清代宫廷和民间均实现了高速发展。茶与文化的深度融合使得清代茶文化成为中华传统文化的重要组成部分。

## 第二章 饮茶史鉴：品鉴茶味的千年变迁

▶ 学习目标

1. 了解生煮羹饮这一古代饮茶方式的起源和基本步骤。
2. 掌握并能够按照唐代煎茶法的步骤进行实际操作，并体会其中的文化内涵和审美体验。
3. 理解宋代点茶法的精髓和分茶技艺的巧妙之处，以及它们在宋代茶文化中的地位。能够模仿宋代点茶法的步骤进行实际操作，并尝试进行分茶技艺的实践，体验宋代茶文化的韵味。
4. 了解明代泡茶法的基本步骤和流程，以及与之相关的茶具。能够分析明代泡茶法的人文内涵对后世茶文化的影响，并探讨其在现代社会的传承与发展。
5. 了解清代茶事的基本情况。

▶ 课堂讨论

1. 唐代煎茶法的还原与传承对今天有什么意义和价值？
2. 宋代点茶法技艺的传承和推广该如何进行？
3. 结合自身专业知识，探讨非遗古法技艺的传承保护策略有哪些？
4. 探讨清代茶事的发展对当时社会经济的影响，包括茶叶种植、贸易、茶馆兴起与发展等方面。

▶ 课后思考和作业

1. 对中国茶饮发展阶段进行简要描述。
2. 关于点茶，古代文人还有哪些记录和描述？
3. 元代茶文化有哪些特点？
4. 探讨茶在不同历史时期与文化（如文学、艺术、哲学等）的融合过程，以及茶对文化发展的影响。
5. 结合所学知识，制作一本介绍饮茶历史与文化的宣传手册，推广和弘扬中国茶文化。

第三章
茶具雅集:鉴赏茶具的匠心独运

# 第一节 茶具古韵：古代茶具的演变

**知识导读**：中国茶具的历史源远流长，其演变历程不仅反映了饮茶习俗的变化，也体现了种茶、制茶技艺的提升，以及不同历史时期的文化特征和审美追求。本节我们将简要探讨中国茶具的发展历史，通过考古发现、古籍记载等揭示茶具在不同历史时期的独特风貌。

## 一、唐前：茶具的起源

早期，茶作为一种食物存在，因此当时的茶具只是一种普通的饮食器具，主要包括煮茶时所用的锅、饮茶时所用的碗以及贮存茶叶时所用的罐子等。西汉辞赋家王褒在《童约》中提及"茶具"一词，浙江湖州一座东汉晚期墓中也发现了一只高33.5厘米的青瓷瓮，瓷瓮上面书有"茶"字。[①]近年来，在浙江上虞出土了一批东汉时期的瓷器，其中包括碗、杯、壶、盏等器具。这些出土文物表明，在晋之前，茶具已经出现。但是，当时的茶具还没有完全从饮食器具中分离出来，例如，碗主要用于吃饭，但也可以用于饮酒和饮茶。到了晋、南北朝时，茶具渐渐从饮食器中分化出来，出现了青釉茶盘和汤瓶（即茶壶）等，为后来唐宋时期茶具的发展奠定了基础。

## 二、唐代：茶具的多元发展

伴随着饮茶之风的流行，唐代茶具呈现出多元发展的格局。湖南长沙窑遗址出土了一批唐代的茶具，其中很多底部都刻有"茶碗"字样，这是我国迄今出土的最早茶碗。

唐代茶具在中国茶具的发展史上占据着重要位置。唐代的茶具种类繁多，其功能包括贮茶、炙茶、碾茶、罗茶、煮茶和饮茶等。由此可见，唐代人对茶具有十分严格的要求。特别是陆羽在《茶经·四之器》中规范了茶具的种类和规格后，茶具更是得到了前所未有的多元发展。

唐代皇室饮茶注重礼仪，讲究茶器，这也直接促进了茶具制作工艺的发展。1987年在陕西省扶风县法门寺地宫出土了一大批唐代皇室宫廷使用的金银、玻璃、秘色瓷等茶具，据考证是唐僖宗的专用茶具。这些茶具制作精美，质地、造

---

① 徐晓村. 茶文化学 [M]. 北京：首都经济贸易大学出版社，2014.

型、材料都极为讲究,显示了统治者至尊的气派,反映了唐代宫廷茶文化的历史面貌及其价值追求。

唐代民间茶具则较为质朴,多以陶瓷制品为主,茶具配套规模较小,包括碗、瓯、执壶、杯、釜、罐、盏、盏托、茶碾等。

碗作为唐时民间最流行的茶具,造型主要有花瓣型、直腹式、弧腹式等种类,多为侈口收颈或敞口腹内收。晚唐时,制瓷工匠创造性地把自然界的花叶瓜果等物经过概括简化,运用到制瓷业中,从而设计出形象生动的葵花碗、荷叶碗等精美的茶具。

瓯是中唐以后出现并迅即风靡一时的越窑茶具品种,是一种体积较小的茶盏。这种敞口斜腹的茶具,深得诗人皮日休的喜爱。他在《茶瓯》一诗中用尽了溢美之词:"邢客与越人,皆能造兹器。圆如月魂堕,轻如云魄起。枣花势旋眼,蘋沫香沾齿。松下时一看,支公亦如此。"

执壶又名注子,是中唐以后才出现的,由前期的鸡头壶发展而来。这种壶多为侈口,高颈,椭圆腹,浅圈足,长流圆嘴,与嘴相对称的一端还有泥条黏合的把手,壶身一般刻有花纹或花卉动物图案,有的还留有铭文,标明主人信息或烧造日期。

茶杯、盏托、茶碾等物在越窑中也颇为常见,这类瓷器在釉色、温度、形状和彩饰上均较好地体现了当时越窑的制作工艺和烧造水准。

## 三、宋代:茶具的精益求精

宋代的茶具在种类和数量上与唐代接近,但宋人饮茶更加讲究技艺,突出精神享受。特别是宋代盛行的斗茶,是一种高度追求艺术化的饮茶方式,不但要评出茶的优劣,而且要决出双方的胜负,可以说是我国古代品茗技术的最高表现形式。宋人为达到斗茶的最佳效果,在茶具的制作上追求精益求精,对饮茶器具、煮水器具、碾茶器具、制茶器具、生火器具都进行了改良。

此外,与唐代相比,宋代对茶具的质地更为讲究。周密在《癸辛杂识》中说:"长沙茶具,精妙甲天下,每副用白金三百星,或五百星,凡茶之具悉备,外则以大缕银合贮之。"范仲淹的《和章岷从事斗茶歌》中说:"黄金碾畔绿尘飞,碧玉瓯中翠涛起。"陆游的《建安雪》中说:"银瓶铜碾春风里,不枉年来行万里。"都反映了宋代茶具的精良质地。宋徽宗在《大观茶论》中也提倡茶器或金或银或瓷为之。

宋代饮茶之风的大盛也推动了制瓷业的发展，其时五大名窑都曾经生产茶具，它们分别是浙江杭州的官窑、浙江龙泉的哥窑、河南临汝的汝窑、河北曲阳的定窑和河南禹县（今禹州市）的钧窑。五大名窑生产的茶具虽各有特点，但都制作精良，品质颇佳。

## 四、元代：过渡时期的茶具变革

元代泡茶法较为流行。这种饮茶方式的变化直接影响了元代茶具的发展，一些点茶、煎茶的器具逐渐消失，一些新的茶具开始出现。因此可以说，在茶具的发展史上，元代是上承唐、宋，下启明清的过渡时期。

由于元代历史不长，史料中能找到的关于元代茶具的记载并不多，但仍然可以在有关茶的少量诗文、书画中捕捉其身影。例如，元代大臣耶律楚材所撰之诗《西域从王君玉乞茶因其韵七首》详细记述了元人饮茶的爱好、使用的茶具等，出土于内蒙古自治区赤峰市的元代墓道烹茶图，详细记录了元人饮茶使用的器具。此外，明代文震亨《长物志》中提到的"姜铸铜饕餮兽面火炉"，是出自元代杭州一位姜姓女匠人之手，人称"姜铸"。明代高濂的《遵生八笺》说姜铸的铜茶炉是："名擅当时，其拨蜡亦精，其炼铜亦净，细巧锦地花纹，亦可入目。"这种生火的茶炉，为明代茶具的创新提供了灵感。

## 五、明代：轻饮之风与茶具的改良与创新

明代宁王朱权强调饮茶是表达志向、修身养性的一种方式。他在《茶谱》中大胆改革传统的品茶方法和茶具，寄托了自己以茶明志的心境，开启了明代轻饮之风。受此影响，一些既有的茶具得到改良，一些新的茶具脱颖而出。

### 1. 贮茶器具的改良

明人多饮形散茶，因此贮茶和焙茶器具比唐宋时期更加重要。许次纾在《茶疏》中对此进行了较为具体的说明：收藏宜用瓷瓮，大容一二十斤，四围厚箬，中则贮茶……茶须筑实，仍用厚箬填紧瓮口，再加以箬，以真皮纸包之，以苎麻紧扎，压以大新砖，勿令微风得入，可以接新。[①]

---

① 胡山源.古今茶事[M].北京：商务印书馆，2023.

### 2. 洗茶器具的出现

饮茶之前用水淋洗茶，是明代人饮茶时的创新之举。洗茶用具一般称为茶洗，由砂土烧制而成，形如碗，中间隔为上下两层，然后用热水淋之去尘垢。明代高濂《遵生八笺》对饮茶全过程所需的茶具进行了记录，包括商象、归结等16件。

### 3. 烧水器具的改良

由于沏茶之法的改变，明人对烧水器具更为重视，对其形制和质地也进行了改良。明代的烧水器具主要有炉和汤瓶，其中，炉以铜炉和竹炉最为流行，铜炉往往铸有兽面纹，崇尚简朴。竹炉则有隐逸之气，深得当时文人的喜爱。

### 4. 饮茶器具的创新和改良

明代的饮茶器具既有创新也有改良。由于散茶的流行，明代出现了紫砂或瓷制的小茶壶。这种茶壶不同于之前用于煎水煮茶的注子和执壶，是专门用于泡茶的器具。此外，明代茶盏不仅由黑釉盏变为白瓷或青花瓷盏，质地得到了改良，而且在原有的茶盏之上加盖，现代意义上的盖碗茶正式出现。

## 六、清代：茶具的文化品位提升

清代，六大茶类为主的格局基本确立。但这些茶的形状仍属条形散茶，饮用时仍采用明代的泡茶法。在这种情况下，清代的茶具无论种类还是形式都基本上和明代一致。然而，与明代相比，清代茶具的制作工艺有着长足发展，取得了较大突破，此外，清代流行的文人与陶匠合作制作茶具的行为，使得这一时期的茶具文化品位大增，一件件精美的茶具被创作出来，成为一种雅玩。宜兴的紫砂茶壶，景德镇的五彩、珐琅彩和粉彩瓷茶具等不仅在烧制技艺上实现了迅速发展，在造型及装饰技巧上也达到了精妙的艺术境界。

中国茶具的发展历史是一部丰富多彩的文化史、社会史，通过对茶具的研究，我们可以更深入地了解中国茶文化的博大精深。

## 第二节　现代茶具：功夫茶具演绎新篇

**知识导读**：到了现代，茶具的样式更新颖，品种更多，工艺更精细，质量也更上乘。本节将重点介绍功夫茶具的构成，并阐述其中蕴含的"礼"。

### 一、功夫茶具构成

现代功夫茶具主要包括5类，分别是煮水用具、备茶用具、泡茶用具、品茶用具和辅助用具。功夫茶具种类繁多，每种用具都有其特定的功用和选择标准。在使用时，需要根据实际情况和茶叶类型选择合适的用具，并掌握正确的使用方法，以保证茶汤的滋味和品茶的体验。

#### （一）煮水用具

绝大多数功夫茶要求用沸水冲泡，而饮水机或大型茶壶中的热水一般只有80度左右，不宜用来泡茶，所以随手泡是现代泡茶中国最常见的烧水用具。

**功用**：随时加热开水，保证茶汤滋味。

**种类**：茶壶按材质可分为不锈钢壶、铁壶、陶壶、耐高温玻璃壶等，炉子按热源分则有电热炉、电磁炉、酒精加热炉和炭炉等。

**选择**：一般来说，用不锈钢壶搭配电热炉和电磁炉最为常见，其他较为常见的有用玻璃壶或陶壶搭配酒精加热炉、用陶壶和铁壶搭配炭炉、用铁壶搭配电磁炉等。

**使用**：新壶尤其是陶壶和铁壶第一次使用时，要加水煮开并多浸泡一些时间，除去新壶中的土味和其他异味。野外用电烧水不方便，可使用陶壶或者铁壶搭配炭火。

#### （二）备茶用具

备茶用具主要指茶叶罐。

**功用**：贮存茶叶。

**种类**：按材质可分为瓷罐、铁罐、纸罐、塑料罐、搪瓷罐、锡罐、陶罐等。

**选择**：首要是密封性好，其次是质地无味，最后是防潮不透光，因为茶味易散，其性又非常吸潮，容易被别的味道异化，跑味或变味。不同的茶叶罐各有特点，比如，锡罐在防潮、防氧化、阻光、防异味方面有很好的效果。陶罐透气性好，罐内温湿度相对稳定，能防潮、防异味。瓷罐造型美观，样式精美，密封性好。铁罐密封严实，但是隔热性差。纸罐有一定的透气性和防潮性，无异味。

**使用**：要根据不同茶叶的特点选择不同材质的茶罐，比如存放铁观音或茉莉花茶等香味浓郁的茶，宜选用锡罐、瓷罐等不吸味的茶罐。而普洱茶在存放过程中需要和空气接触，以产生缓慢变化，因此存放普洱茶最好选用透气性好的纸罐或陶罐。购买多种茶类时，最好分别用不同的茶叶罐装置，可在茶罐上贴上纸条，上面写清楚茶名、购买时间，方便取用。注意，不要将茶罐放在厨房等容易产生异味或潮湿的地方，也不要放在阳光直射或有热源的地方，最好是将其放在阴凉干爽的地方。如果要使用新买的罐子或原先存放过其他物品留有味道的罐子存放茶叶，可先将少许茶末置于罐内，盖上盖子，上下左右摇晃后轻擦罐子内壁，以去除异味。

### （三）泡茶用具

#### 1. 茶壶

茶壶是茶具之王，用于泡茶。

**功用**：主要的泡茶容器。

**种类**：按材质可分为陶瓷壶、紫砂壶、玻璃壶等。

**选择**：一把好茶壶应具备如下条件。壶嘴要出水流畅、收水果断，不溅水花，不漏水；壶身和壶盖要密合，水壶口与出水的嘴要在同一水平面上。壶身宜浅不宜深，壶盖宜紧不宜松；无泥味和杂味；能适应冷热急遽之变化，不渗漏，不易破裂；质地能配合所冲泡茶叶的种类，将茶的特色发挥得淋漓尽致；方便置入茶叶，容水量足够；泡后茶汤能够保温，不会散热太快，能让茶叶中的各种成分在短时间内适量浸出。

**使用**：标准的持壶动作。

#### 2. 盖碗

盖碗是现代功夫茶具中较为重要的泡茶用具，有三才盖碗和二才盖碗之分，其中，三才盖碗由盖、碗、托三部分组成。三才盖碗不仅美观，而且实用，尤其是茶托的加入，使得品茶过程更加舒适和安全。二才盖碗则相对简单，仅由盖和碗两部分组成，没有茶托。

**功用**：冲泡茶叶，既可以用做泡茶后分饮的器具，也可以一人一套，当作茶杯直接使用。

**种类**：有瓷、紫砂、玻璃等材质，以各种花色的瓷盖碗为多。

**选择**：注意盖碗杯口的外翻程度，外翻弧度越大越容易拿取，冲泡时越不易烫手。

**使用**：标准的盖碗握法。

### 3. 公道杯

公道杯也称茶盅，茶海。用公道杯分茶，每只茶杯分到的茶水一样多，以示一视同仁，童叟无欺之意。

**功用**：用于盛放泡好的茶汤，再分倒入各杯，使各杯茶汤浓度一致，滋味一致，同时能沉淀茶渣。

**种类**：有瓷、紫砂、玻璃等材质，其中由瓷和玻璃制成的公道杯最为常见。有些公道杯有茶柄，有些没有；有些带滤网，有些不带。

**选择**：考虑与主泡器配套，公道杯容量应略大于茶壶或盖碗。注意滤网密度，过密易堵，过粗易漏渣。

**使用**：泡茶时及时将茶汤倒入公道杯中。

## （四）品茶用具

### 1. 品茗杯

**功用**：品饮茶汤和鉴赏茶汤汤色。

**种类**：有陶瓷、紫砂、玻璃等材质。款式有斗笠形杯、半圆形杯、碗形杯、同心杯等。

**选择**：根据茶叶品种或茶壶的形状、色泽，选择适合的茶杯，既可欣赏茶汤之色，也可显示搭配之美。

**使用**："三龙护鼎"持杯法等。

### 2. 闻香杯

**功用**：嗅闻杯底留香。

**种类**：材质以瓷器为主，也有内施白釉的紫砂或陶制闻香杯。

**选择**：首选瓷制闻香杯。

**使用**：与品茗杯搭配使用。

## （五）辅助用具

### 1. 茶盘

**功用**：放置茶壶、茶杯、茶道组、茶玩乃至茶食，盛接泡茶过程中流出或倒掉的茶水。

**种类**：式样可大可小，形状可方可圆，可以是单层，也可以是夹层。茶盘选材广泛，金、木、竹、陶都可以，其中金属茶盘最为简便耐用，竹制茶盘最为清雅相宜。木制茶盘古朴大方，工艺精湛，融实用、艺术于一体。

### 2. 过滤网

**功用**：过滤茶汤。

**种类**：材质有不锈钢、瓷、陶、竹、木等；过滤网壁则由不锈钢细网、棉线网、纤维网罩等组成。

### 3. 滤网架

**功用**：放置滤网的器具。

**种类**：材质有瓷、不锈钢、铁等，款式繁多，形状多样，有动物形状、人手形状等，有较好的装饰效果。

### 4. 茶巾

**功用**：擦拭泡茶过程中茶具上的水渍、茶渍，尤其是茶壶和品茗杯等的侧部、底部的水渍和茶渍。

**种类**：材质有棉、麻布等。

**使用**：两种折叠方法。

### 5. 茶道组

**功用**：茶针用于疏通壶口，以便水流通畅；茶夹用于夹取品茗杯和闻香杯；茶则用于量取干茶；茶导用于拨入干茶；茶漏用于扩大壶口，防止干茶外漏；茶筒用于盛放茶针、茶则、茶导、茶漏、茶夹。

**种类**：多由竹、木制成。造型有直筒型、方形、瓶形等样式。

### 6. 茶荷

**功用**：盛放待泡干茶以鉴赏干茶外形。

**种类**：材质有瓷、竹、木和石质。内壁白瓷的最为常见。

### 7. 茶玩

**功用**：装点和美化茶桌，是相当一部分爱茶人士必备的爱物。

**种类**：多用紫砂陶制作，造型千姿百态，有动物形状的（如小猪小狗形状的），也有如弥勒佛、童子等人物形象的。

### 8. 杯托

**功用**：放置茶杯、闻香杯，以防杯里或底部的水打湿桌子，预防杯具磨损。

**种类**：材质有瓷、紫砂、陶、竹、木等。其中木制或竹制的使用后应通风晾干。

### 9. 壶承

**功用**：放置茶壶，盛接壶中溅出的沸水，让茶桌保持干净。

**种类**：材质有紫砂、陶、瓷等，一般与同样材质的壶配合使用。有单层和双层，形状多为圆形。

### 10. 盖置

**功用**：泡茶过程中用来放置壶盖，减少壶盖的磨损。

**种类**：款式很多，有紫砂木桩形、小莲花台形等。

### 11. 普洱刀

**功用**：撬取紧压茶的茶叶，常用于撬取普洱茶，故称。

**种类**：材质有不锈钢、牛角、骨等。

### 12. 废水桶

**功用**：盛放废水。

**种类**：常见的材质有塑料、不锈钢等。

### 13. 水盂

**功用**：存放泡茶过程中产生的废水和茶渣。

**种类**：材质有瓷、陶等。

## 二、功夫茶具中的"礼"

现代功夫茶具分类细致，涵盖煮水用具、备茶用具、泡茶用具、品茶用具及辅助用具等五大类。在筹备一场茶会时，茶具的搭配和摆放尤为重要，皆蕴含着"礼"。

### （一）茶具搭配中的"礼"

首先，备具讲究的是齐全。现代功夫茶的五类茶具因功能性不同，在备具时都要准备,缺一不可。

其次,备具应因茶而宜。茶具与茶叶的匹配需精心考量:一方面,壶具材质与茶汤特性的和谐是关键,如玻璃茶具以其透明、导热快的特点,适合在需要观赏茶叶冲泡的全过程时使用;瓷茶具则因其密度高、保温性适中的特点,成为冲泡重香气茶叶的首选;陶茶具,特别是紫砂壶,以其粗疏透气、保温性好的特点,尤为适宜用来冲泡乌龙茶及普洱茶。另一方面,茶具的颜色与质感需与茶叶相协调,如嫩茶宜用杯泡以展现其自然美感,而老茶则更适合用壶冲泡以遮掩其在茶叶形态上的不足。

最后,备具要求,因具选具,在搭配茶具时,不仅要实现风格统一,还需考虑主茶具与辅助茶具之间的协调性以及茶具容量的合理搭配。例如,公道杯的容量应不小于主泡器具,以确保茶汤能完全倒出;品茗杯的容量则需小于主泡器具,以保证分茶时茶汤的均匀分配。

### (二)茶具摆放中的"礼"

茶具的摆放亦是一门艺术,需如布置画作或摆放雕塑般精心规划,以展现主人的审美修养。在摆放过程中,应注意美观、方便与礼仪的完美结合。谈及茶具摆放的礼仪,远非简单整齐所能概括。

首先,敬茶备具,不仅是对客人的尊重,也是人际交往中以诚相待的基本礼节。

其次,在摆放茶具时,应追求和谐统一,既展示茶具的配套之美,又体现儒家思想的中庸之道。茶具上的纹饰需朝向客人,而所有开口部分,如随手泡之壶口、主泡器具之壶口,则应避免直接朝向客人,此举意在表达主人对客人的尊重。尤为特别的是,茶道六君子中的壶口特意朝向客人,寓意着连绵不断的好运与滚滚而来的财源,满载着主人对客人的美好祝愿与诚挚情谊。客来敬茶是中国传统的待客之道,当有客人到访,主人总会敬上一杯热茶,显示以和为贵的气度,甚至以茶代酒,以茶宴、茶会的形式接待来宾。儒家思想的中庸之道,在茶道中得以充分展现,旨在创造和谐气氛,增进友谊。

最后,赏鉴清雅,为茶人于茶具文化品位之共识。茶人倾向于追求质朴自然之境,故在茶具如茶壶、茶杯之上,常绘以山水之景、花卉之姿,刻以诗词佳句,并雕琢精美题款与细腻装饰,以此增添几分艺术韵味与书香气息。

## 第三节　盖碗之美：简约中的雅致韵味

**知识导读**：盖碗这一蕴含着深厚文化底蕴的茶具，不仅以其独特的形制和实用的功能深受茶人喜爱，更因其蕴含的"三才说"，成为品茗过程中不可或缺的精神象征。

### 一、盖碗的定义与发展

#### 1.盖碗的定义

《中国茶叶大辞典》中将"盖碗"定义为：盖碗，饮具。多见瓷质。上配盖下配茶托，茶托隔热便于持饮。三句话概括了盖碗的功能、材质和器型。

《中国古陶瓷图典》中将"盖碗"定义为：盖碗，带盖的小碗，茶具，流行于清。此类盖碗由碗和盖两件组成，是一种复古茶具。所以，我们日常所说的盖碗，其实有两种形制，有托和无托。①

#### 2.盖碗的发展历程

尽管在各大博物馆内，我们常能见到被冠以"合碗""盖碗""盖钵"等多种称谓的器物，它们主要作为食器或储物器使用，与日常所言的盖碗在形态上颇为相似，在装饰与材质上亦无显著差异，但在尺寸大小与使用功能上，与盖碗有着明显的区别。

现有研究成果显示，自汉代茶具初现，直至唐代，食具与饮具的界限并不分明，多数情况下两者可共用。彼时，仅需一个碗便可完成饮茶的全部过程。唐代煎茶风尚盛行后，人们在分茶时开始使用盏托，以避免直接接触热烫的茶碗，同时传递出对饮茶者的尊重与敬意，体现了中国独特的饮茶礼仪。宋代流行点茶，故当时的盏托普遍较矮，口沿多呈莲花状；茶碗容量大，既可单独作为茶盏使用，亦可与盏托搭配使用。直至明清时期，随着渝饮法的兴起，盖碗的形制才最终得以确立。盖碗的发展，大致可分为以下三个阶段，此处的讨论主要基于茶具的独立形制及其普及程度。

①初创期：田自秉先生在《中国工艺美术史》中提及，康熙时期的陶瓷造型既有沿用旧式，也有改造创新。如碗的形制，早期有敞口碗、直口碗，中期多折腰碗，而晚期则创制了专供饮茶用的盖碗。②如北京故宫博物院所藏的一件盖碗，

---

① 摘录自袁艺珂.盖碗茶具流变[J].陶瓷研究，2018(2)：27-32.
② 田自秉.中国工艺美术史[M].第2版.上海：东方出版中心，2010.

敞口、深腹、圈足，盖为浅碗形，配以圈形钮，便是这一时期的典型代表。

②成型期：民国十年（1921）前后，盖、碗、托三件组合的盖碗茶具应运而生。铁源在《民国日用瓷器》一书中提道，这种茶具在民国时期极为畅销，且清代虽有盖碗，但并无此三件器。[①] 其形制的新发展在于，在盖与碗的组合基础上，加入了碗托，形成了固定的三件结构。这种三件式盖碗相比两件式盖碗，更加防烫，便于端拿，且能承接溢出的茶汤。台北故宫博物院所藏的一件盖碗便属于这种三件器。

③创新期：现代盖碗茶具在保留原有冲泡品饮功能的基础上，又发展出一种新形式，即将盖碗的冲泡功能保留，而将品饮功能转移至茶杯或茶碗。在茶席中，盖碗与茶壶有了相同的冲泡功能。因此，根据在不同茶事中的使用方式，盖碗从功能上可分为主泡盖碗和直饮盖碗两种。在功夫茶具中，盖碗常被用作主泡器具。

## 二、盖碗的功能

品茶之道，在于"观色、闻香、尝味、赏形"。盖碗材质多样，以陶瓷、玻璃、紫砂为主，而陶瓷盖碗尤为常见，其中白瓷因其能清晰展现茶汤色泽及细微变化而备受青睐。茶碗加盖，既能防尘又能保温，更有助于香气凝聚。轻启碗盖，香气扑鼻，香型与持久度一目了然。通过碗盖在碗中的刮拨，可灵活调节茶汤浓度；品饮时，碗盖半掩，茶汤缓缓入口，茶叶被盖沿阻挡，同时盖径小于碗径，确保品饮时盖不滑落；碗盖起落间，茶汤若隐若现，相较于无盖之碗盏，更添一分独有的韵律美感。

## 三、盖碗的构造寓意

盖碗，亦称"三才杯"，其构造寓意深远：杯盖象征天，杯身代表人，杯托则喻为地，三者合一，恰似天地人和谐共生的哲学理念。这一理念源自《周易》，而《周易》被儒家尊为"五经之首"。

观察盖碗的整体造型，圆润而包容，盖被茶碗轻轻环抱，碗又稳稳坐落于盏托之上，整个器物仿佛被盏托温柔地揽入怀中，恰如万物在天地间生长，人作为"顶天立地"的存在，既独立又相依，相互映衬，共同构成了一个和谐的小宇宙。这小小的盖碗，不仅是一件茶具，更蕴含了古代哲人"天盖、地载、人育"的深刻道理。

---

① 铁源.民国日用瓷器[M].北京：朝华出版社，2006.

《易经·序卦》有云："有天地，然后有万物。"人作为万物之灵，儒家将其与天地并列为三，强调人与自然的紧密联系。《易经·说卦传》中进一步阐释：乾为天、为父；坤为地、为母。人由天地所生，集天地之德、阴阳之交、五行之秀气于一身，成为万物之灵长。盖碗在泡茶过程中，通过杯盖与杯托的巧妙配合，孕育出醇香的茶汤，这与天地孕育万物的道理不谋而合。乾父坤母，万物皆由天地所生，人类更是得天独厚，拥有最高之性灵。因此，人应顺应天道，善待生命，促进共生共荣。天气下降，地气上升，水化为云，云变为雨，这是天地间阴阳交感的自然现象。人禀受天地正气而生，天赋人以仁义之性，使人形成良好的品格，共同创造和谐社会。违背仁义，即是违反天性；违反天性，则人道不立，终将自趋毁灭。"三才"之间的关系如此微妙而深刻。天地自然、五行和谐，构成了中国人独特的辩证自然观。中国茶人巧妙地将这些哲学思想融入茶艺和茶道之中，使得盖碗茶具不仅具有实用功能，更承载了深厚的哲学内涵。

因此，盖碗茶具不仅是品茗的器具，更是古人天人合一精神理念的体现，展现了中国人包容万物、追求和谐的生活态度。

## 第四节　紫砂壶韵：泥火中的艺术瑰宝

**知识导读**：紫砂壶作为中国传统茶具的瑰宝之一，不仅有着悠久的发展历史，还蕴含着丰富的人文内涵。它以其独特的材质、精湛的工艺、多变的造型以及深邃的文化意蕴，成为人们品茗赏艺、修身养性的重要载体。

### 一、紫砂壶的兴起与发展

#### （一）紫砂壶兴起的原因

**1. 泡茶法的催生**

明代，茶叶加工技术的革新引领了饮茶方式的变革。相较于唐宋时期的饼茶，炒青条形散茶逐渐成为主流。这一转变使得人们无需再将茶叶碾碎，而是直接将其置于壶盏中，以沸水冲泡。这种沏茶方式不仅简化了饮茶程序，更保留了茶叶的原味，便于观茶赏色，品味茶香。因此，明代人倡导适量饮茶，注重茶壶的艺术性，对壶艺提出了更高要求。在此背景下，紫砂壶因其独特魅力而逐渐兴起，成为品茶玩壶的新风尚。

**2. 紫砂壶的魅力**

紫砂泥料具有良好的延展性，使得匠人能够塑造出各种美观大方、风格多样的器型。同时，紫砂的双气孔结构赋予了其优异的透气性，泡茶时不易变味，即便在炎炎夏日也能保持茶汤的新鲜。每次泡茶后，茶壶都会吸附茶汤与茶气，为下一次泡茶增添更多香气。此外，紫砂壶的冷热急变性极佳，不易因温度骤变而胀裂。随着使用时间的增长，紫砂壶身会逐渐呈现出迷人的光泽，气韵愈发温雅。这些特性使得紫砂壶备受人们喜爱与推崇。

**3. 社会背景的推动**

明代晚期至清初，社会矛盾日益加剧，许多文人志士难以实现自己的远大抱负。为了寻求思想上的自我完善或解脱，他们开始将注意力转向日常生活中的一壶一饮之中。制壶艺术成了他们寄托情感与追求艺术的重要领域，涌现出了一批杰出的制壶专家。这些社会因素共同推动了紫砂壶的兴起与发展。

## （二）紫砂壶发展的关键人物

### 1. 明代紫砂壶巨匠：时大彬

在紫砂壶艺术发展的历史长河中，时大彬无疑是一位承前启后的大师。时大彬活跃于明万历至清顺治年间，作为"紫砂四大家"之一时朋的后裔，他对紫砂壶的制作技艺进行了全面而深入的研究。他不仅精通泥料配制、成型技法，还在造型设计与铭刻上独树一帜。

时大彬的创新精神体现在多个方面。他首次在泥料中掺入砂粒，开创了调砂法制壶的先河，使得紫砂壶呈现出"砂粗质古肌理匀"的独特韵味。在成型技法上，他改进了传统的"斫木为模"方法，将打身筒与镶身筒技法巧妙结合，奠定了紫砂壶泥片镶接成形的基本框架，这一创举极大地推动了紫砂壶制作技术的发展。

时大彬还首创了方形、圆形等典型壶式，如现藏于香港茶具文物馆的紫砂开光方壶，其造型方中带圆，线条流畅，展现了高超的设计水平。此外，他将大壶改为小壶，更贴合文人的饮茶习惯，将文人情趣融入壶艺之中，使壶艺与茶道相得益彰，达到了新的艺术高度。

### 2. 清代紫砂壶大家：陈鸣远

清代紫砂壶制作技艺在明代的基础上迎来了新的繁荣，陈鸣远便是这一时期的杰出代表。他技艺全面且勇于创新，与供春、时大彬并称为"宜兴紫砂三大名匠"。

陈鸣远擅长制作自然型砂壶，如瓜形壶、莲子壶等，作品充满自然生趣。他进一步推动了自然型壶的艺术化发展，使紫砂壶更加丰富多彩。此外，他还开创了壶体镌刻诗铭的装饰手法，将中国传统绘画、书法等艺术形式融入紫砂壶的制作中，极大地提升了紫砂壶的艺术价值和文化内涵。如南京博物院收藏的紫砂甜瓜壶（原名南瓜壶）便是其代表作之一。

随着陈鸣远等文人的参与，紫砂壶的设计制作更多地融入了他们的审美情趣和文学素养。文人紫砂将文学、书法、绘画、篆刻等艺术形式融为一体，使得紫砂壶既具有实用价值，又成为可供欣赏、把玩的艺术品。

明代文人铭壶已蔚然成风，许多知名文人如董其昌、陈继儒等都参与其中。到了清代，紫砂壶艺更是达到了鼎盛期，文人铭壶精彩纷呈。其中，书法篆刻家陈曼生与制壶名家杨彭年的合作尤为引人注目。陈曼生虽不擅制壶，但他擅长设计壶型和题写壶铭，与杨彭年的合作使紫砂壶的艺术水平达到了新的高度。他们合作的紫砂壶被称为"曼生壶",以其独特的艺术魅力和文化内涵赢得了广泛的赞誉和收藏。"曼生壶"的出现生标志着紫砂壶艺走向了一个更高的层次。这些高品位的紫砂壶不仅受到紫砂爱好者的追捧,还吸引了达官贵人、富豪巨商的青睐。一时间,壶以文贵、文随壶传成为风尚,紫砂壶的艺术价值和文化价值得到了充分的体现。

## 二、紫砂壶的特性与鉴赏

### (一)紫砂壶的特性

#### 1. 原料独特,色彩丰富

紫砂壶的卓越,首先要归功于其选用的原料——紫砂泥。紫砂泥分为紫泥、绿泥、红泥三种,这三种泥料既可单独使用,亦可灵活配比,创造出丰富多样的色彩变化,为紫砂壶的艺术表现提供了无限可能。

#### 2. 可塑性强,造型多变

紫砂泥的可塑性远超其他陶瓷原料及黏土,这使得紫砂壶能够轻松塑造出各式各样的形态。依据造型特征,紫砂壶通常被分为几何型、自然型和筋纹型三大类,每一类都蕴含着匠人的巧思与技艺,展现了紫砂壶造型艺术的独特魅力。

#### 3. 气孔结构独特,保香提味

紫砂泥的双重气孔结构是其又一大特色——气孔微细且密度高,这一特性使得紫砂壶在泡茶时能够保持茶叶的原味,香气不散,让茶汤更加纯正,香气悠长。正如文震亨所言,紫砂壶"既不夺香,又无熟汤气",是品茗的上乘之选。

#### 4. 吸附性强,茶香氤氲

紫砂壶以粗砂制成,无土气且吸附性极强。每次使用后,茶壶能吸附茶汤与茶气,不仅无异味残留,反而能增添茶香,使茶香四溢,营造出令人陶醉的品茶氛围。

#### 5. 历久弥新,光泽温润

紫砂壶的又一独特之处在于其随着时间的推移,使用愈久,器身色泽愈发光润。正如《阳羡茗壶系》所述,紫砂壶经长期使用与擦拭,自然散发出暗淡而温润的光泽,林古度的诗句"久且色泽生光明"也生动描绘了其优点。紫砂壶非但不易老化，反而因使用而愈发显得油亮细润，形成了"老壶胜瓷"的美誉，人与壶之间，通过"玩"或"养"，达到了相互净化、彼此陶冶的境界。

综上所述，紫砂壶凭借其原料的独特性、造型的多样性、气孔结构的独特性、强大的吸附能力以及历久弥新的光泽，成为中国茶文化中不可或缺的一部分，深受人们的喜爱与推崇。明末清初文学家李渔对紫砂壶的总体评价是"茗注莫妙于砂，壶砂，壶之精者，又莫过于阳羡"。

### （二）紫砂壶的鉴赏之法

#### 1. 观察造型

紫砂壶的造型多样，每一款都有其独特的韵味。例如，经典的"石瓢壶"，其造型简约大方，线条流畅，壶身呈梯形，壶嘴、壶把与壶身浑然一体，展现出一种质朴而庄重的美感。又如"西施壶"，其造型灵感来源于古代美女西施，壶身圆润饱满，壶嘴短而翘，壶把弯曲自然，整体给人一种温婉而优雅的感觉。

#### 2. 品味泥色

紫砂壶的泥色是其独特魅力之一。紫泥色泽沉稳大气，如"底槽清"泥料，其色泽深紫，质地细腻，烧成后壶面呈现出一种温润如玉的光泽。绿泥则色泽清新淡雅，如"本山绿泥"，其色泽嫩绿，烧成后壶面有一种细腻而柔和的质感。红泥则色泽鲜艳明快，如"朱泥"，其色泽红润，烧成后壶面光滑亮丽，给人一种热烈而奔放的感觉。

#### 3. 感受工艺

紫砂壶的工艺精湛复杂，每一件作品都是匠人智慧的结晶。例如，壶身的接缝处理是考验匠人技艺的重要环节。优秀的紫砂壶在接缝处往往处理得紧密无痕，仿佛壶身是由一整块泥料雕刻而成的。此外，雕刻工艺也是紫砂壶的一大亮点。匠人们会在壶身、壶盖、壶把等部位雕刻出各种花纹和图案，如梅花、蝴蝶、山水等，使紫砂壶更加生动有趣。

#### 4. 体会意境

紫砂壶的意境是鉴赏的最高境界。优秀的紫砂壶往往能够引发人们的联想和想象，使人感受到一种超越物质层面的精神享受。例如，一款以"松竹梅"为题材的紫砂壶，通过雕刻和泥色的巧妙搭配，将松树的挺拔、竹子的清雅和梅花的傲骨完美地融合在一起，使人感受到一种坚韧不拔、清高自守的精神境界。又如

## 第三章 茶具雅集：鉴赏茶具的匠心独运

一款以"山水"为题材的紫砂壶，通过雕刻和造型的巧妙结合，将山水的壮丽和灵动展现得淋漓尽致，使人仿佛置身于一幅美丽的山水画卷。

### 学习目标

1. 理解各历史时期茶具演变的社会、文化背景，比较不同历史时期茶具的特点和差异。
2. 理解每种茶具的功用和适用场景，根据茶叶类型和泡茶需求选择合适的茶具，并按照茶礼的规范进行实际操作。
3. 概述紫砂壶兴起和发展的主要历史阶段和重要人物。
4. 掌握紫砂壶的五大特性。
5. 了解鉴赏紫砂壶的方法。

### 课堂讨论

1. 对于古代茶具的传承与保护该如何进行？
2. "天人合一"的思想理念如何在茶具中体现？
3. 茶礼还体现在哪些方面？
4. 现代功夫茶具在保留传统元素的同时，有哪些创新设计，这些创新对茶文化的发展有何意义？
5. 研究历史上文人雅士对紫砂壶的偏爱及其背后的文化心理，思考紫砂壶为何会成为中国茶文化的象征？

### 课后思考与作业

1. 根据古代茶具的发展脉络绘制"中国古代茶具发展时间轴"。
2. 选择两个不同历史时期，对比其茶具的种类、材质、功能变化，撰写研究报告。
3. 练习茶具摆放、三才盖碗的展示动作并撰写解说词。

4. 结合所学内容,从历史人文和性能角度综合探讨紫砂壶市场火爆的原因。

5. 选取几款不同类型的紫砂壶,分析其材质、透气性、保温性等,并比较泡茶效果。

# 第四章
## 茶香品鉴：六大茶类的加工、名优茶、冲泡与品饮

# 第一节　天地人和：茶叶的基本加工工艺

**知识导读**：茶叶制作复杂精细，需各因素协调才能实现"回味悠长"，三大要素"天时、地利、人和"融合方得卓越品质。具体而言，天时即气候，地利即土壤，人和需精湛技艺。因此，掌握茶叶基本加工工艺对冲泡上乘茶汤至关重要。

在讲解本节内容前，需先引入"茶青"这一术语。茶树新摘取的嫩芽与嫩叶，统称为"茶青"。茶青可分为芽茶和叶茶两类。

**芽茶**：此类茶青特征为每片均含芽心，是芽茶制作的原材料。龙井茶、碧螺春茶、白毫乌龙茶、红茶及普洱茶等名茶均属此类。芽心，亦称芽尖，常覆有茸毛，其多少因茶树品种而异，这些茸毛在成品茶中显现为"白毫"（见图4-1）。因此，茶名中若包含"白毫"或"毛峰"，如"白毫乌龙茶""白毫银针""黄山毛峰"等，即表明该茶注重白毫，选用茸毛丰富的品种，并在制作过程中尽量保留白毫。部分芽茶则不强调白毫，制作时压实茸毛，形成"隐毫"，例如龙井茶。

**叶茶**：此类以成熟茶青为原料，用于制作叶茶，包括台湾清茶、武夷岩茶、凤凰水仙、冻顶茶及铁观音等。叶茶所用茶青采自茶树新枝成熟后。新芽停止生长时，顶芽展开成叶，摘取刚展开的二叶或三叶。此时，最新展开的芽心与前一片新叶相对，故称为"对口二叶"。若第三叶尚未老化，可多采一叶，成为"对口三叶"。开面叶制成的茶虽易带茶香，但口感可能偏淡，故常混入20%至30%的带芽茶青以提升品质。因此，采摘时机通常选择在茶园新枝未完全成熟之际（见图4-2）。

图4-1　芽茶　　　　　图4-2　叶茶

## 一、萎凋

茶青采摘后，应根据要制作的茶类决定是否进行萎凋。若制作不发酵茶（如绿茶），则直接进入杀青步骤；若制作部分发酵茶（如乌龙茶）或全发酵茶（如红茶），则需进行萎凋和发酵。

萎凋旨在减少茶青水分，又称"走水"，需在有序且茶青保持生机状态下进行，使茶叶内部成分与空气中的氧发生化学变化，即"发酵"。萎凋包含室外与室内两种方式，室外萎凋需在阳光下进行，强光时需遮阳，茶青软化后移至室内，进入室内萎凋阶段。室内萎凋时，茶青需静置，使叶子中间的水分向叶尖和叶缘转移，之后通过反复搅拌与静置，直至茶叶各部分细胞水分均匀减少至期望水平。萎凋后期，通过加强搅拌力度与延长搅拌时间，促进叶子间的摩擦，加速氧化发酵，此过程又称"浪青"（见图4-3、4-4）。

萎凋与发酵对茶叶风味形成至关重要，室外萎凋能赋予茶叶高亢香气，是部分发酵茶追求"高香"的关键步骤。然而，全发酵红茶通常不经室外萎凋，而是直接进行深度室内萎凋，水分减少过半，以形成低频糖香型。

图4-3 室内萎凋

图4-4 室外萎凋

## 二、发酵

发酵是茶叶细胞在萎凋后发生的氧化作用。就单片茶叶而言，发酵随萎凋逐渐进行，尤其在萎凋后期，通过加强搅拌与堆积，可加速发酵。发酵程度影响茶叶颜色与香型，从未发酵的嫩香型到全发酵的糖香型，茶叶风味逐渐远离自然植物风味，趋于人工化。部分茶类如普洱茶，在杀青揉捻后堆放，因茶青湿润而发热，引发微生物生长，形成后发酵，茶汤深红，滋味醇厚。

## 三、杀青

杀青就是利用高温杀死叶细胞，停止发酵。方法有二，一是用炒的，称为炒青。传统是用锅子炒，现代化的是用滚筒式杀青机。二是用蒸的，蒸汽将茶树鲜叶蒸熟。比如日本的玉露、煎茶、抹茶等，就是将茶树鲜叶蒸熟后制成的。炒青的茶比较香，但蒸青的茶比较绿（见图4-5至4-7）。

图4-5 杀青　　图4-6 滚筒式杀青机　　图4-7 蒸汽杀青机

## 四、揉捻

揉捻的三大作用一是揉破叶细胞，使成分在浸泡时容易溶出。二是使茶叶成紧实状，以利保存。若不揉捻，制成的茶叶就像晒干的落叶，手一抓就破，很难保存。三是利用揉捻的轻重，塑造茶叶不同的风味。揉捻轻者，茶性比较清扬；揉捻重者，茶性比较低沉（见图4-8、4-9）。

图4-8 手工揉捻　　图4-9 揉捻机

## 五、渥堆

渥堆是一种制茶工序，即用人工的方法来加速茶叶陈化。其大致方法是在毛茶上洒水，促进茶叶酵素作用的进行，其间有微生物参与发酵。经过渥堆后的茶叶，降低了茶叶的"野性"，其颜色也由绿转黄、栗红，茶汤更为柔顺甘醇（见图4-10）。

图4-10 渥堆

## 六、干燥

干燥旨在去除茶叶多余水分，长时间存放后的茶叶需再次干燥,称为"覆火"。覆火温度需控制,以避免改变茶性,部分茶类宜采用低温干燥方法。

## 第二节　绿茶清韵:绿茶的加工、名优茶、冲泡与品饮

**知识导读**:绿茶属于不发酵茶类,发酵程度为零,具有清汤绿叶、滋味鲜爽的特点。绿茶是我国历史最悠久、品种最多、产量最高、消费面最广的一种茶。由于未经发酵,绿茶茶性新鲜自然,且保留了大部分的茶叶成分。我国是世界绿茶的主产国,浙、皖、湘、川是主产地,其中又以浙、皖的产量为多。

### 一、绿茶的加工

绿茶的加工,简单来说分为杀青、揉捻和干燥三个步骤,关键在于第一道工序,即杀青。杀青使鲜叶中酶的活性钝化,鲜叶内含的各种化学成分,基本上是在没有酶影响的条件下,由热力作用进行物理化学变化,从而形成了绿茶清汤绿叶、滋味鲜爽的品质。

#### 1. 杀青

杀青对绿茶品质起着决定性作用。首先,通过高温,鲜叶中酶的特性被破坏,活性被钝化。这能够阻止多酚类物质氧化,以防止叶子红变,从而保持翠绿的叶色;其次,杀青能蒸发叶内的部分水分,使叶子变软,为揉捻造形创造条件;再次,随着水分的蒸发,鲜叶中具有青草气的低沸点芳香物质挥发消失,从而使茶叶香气得到改善。除特种茶外,该过程均在杀青机中进行。影响杀青质量的因素有杀青温度、投叶量、杀青机种类、时间、杀青方式等。

#### 2. 揉捻

揉捻是绿茶塑造外形的一道工序。利用外力,使叶片揉破变轻,卷转成条,体积缩小,且便于冲泡。同时部分茶汁附着在杀青叶表面,对提高茶滋味浓度也有重要作用。制绿茶的揉捻工序有冷揉与热揉之分。所谓冷揉,即杀青叶摊凉后进行的揉捻;热揉则是杀青叶不经摊凉而趁热进行的揉捻。嫩叶宜冷揉,以保持

黄绿明亮之汤色与嫩绿的叶底；老叶宜热揉，以利于条索紧结，减少碎末。目前，除名优茶仍用手工操作外，大宗绿茶的揉捻作业已实现机械化。

### 3. 干燥

干燥的目的是蒸发叶内水分，固定外形，充分发挥茶香。干燥可分为二青、三青和辉锅。绿茶的干燥工序，一般先经过烘干，然后再进行炒干。揉捻后的茶叶含水量仍很高，如果直接炒干，会很快在炒干机内结成团块，茶汁易挂在锅壁上。由此，茶叶应先进行烘干，使含水量降低至符合锅炒的要求。

**知识链接** 绿茶的分类

绿茶根据加工过程中杀青和干燥方式的不同分为：蒸青绿茶、炒青绿茶、烘青绿茶、晒青绿茶。

①蒸青绿茶：我国古代最早发明的一种绿茶，是利用蒸气破坏鲜叶中酶活性而获得的成品绿茶。随着制茶工艺的发展，现在采用选青、蒸青、粗揉、揉捻、中揉、精揉、干燥等传统与现代相结合的制作工艺，保留了茶叶中较多的叶绿素、蛋白质、氨基酸、芳香类物质，有"三绿一爽"的美称，"三绿"即色泽翠绿，汤色嫩绿，叶底青绿；"一爽"即茶汤滋味鲜爽甘醇，带有板栗香。恩施玉露、仙人掌茶、阳美茶、水云雨露是现存不多的蒸青绿茶品种。

②炒青绿茶：因干燥方式是炒干而得名。由于在干燥过程中受到机械或人工的挤压，成茶形成了长条形、圆珠形、扇平形、针形、螺形等不同的形状，按外形分为了长炒青、圆炒青和扁炒青三类。长炒青形似眉毛，又名眉茶；圆炒青形如颗粒，又称珠茶；扁炒青又称扁形茶。主要有龙井茶、碧螺春、六安瓜片、老竹大方等。

③烘青绿茶：因干燥方式是烘干而得名。可分为普通烘青和细嫩烘青，普通烘青一般不直接饮用而是作为熏制花茶的茶坯，成品为烘青花茶。细嫩烘青是采用细嫩芽叶精细加工而成的，按外形可以分为条形茶、尖形茶、片形茶、针形茶等。茶汤黄绿色或嫩绿色，滋味鲜爽回甘，不耐泡。主要有黄山毛峰、太平猴魁等。

④晒青绿茶：因干燥方式是日光晒干而得名。主要以云南大叶种所制的滇青为最好，条索粗壮肥硕，色泽深绿油润，汤色黄绿，耐冲泡。

## 二、绿茶名优茶

### 1. 龙井茶

龙井茶属于历史名茶,是我国十大名茶之一,产于浙江杭州西湖、狮峰山、梅家坞一带,已有一千两百年的历史。相传乾隆下江南的时候,在狮峰山胡公庙品过此茶以后,即将胡公庙前十八棵树封为"御茶",龙井茶从此名声大震。

**外观**:扁平挺直,匀齐光滑,色泽翠绿,形如雀舌,有"色绿、香郁、味甘、形美"四绝的特色。

**香气**:清新醇厚。

**汤色**:黄绿明亮。

**滋味**:鲜香爽口。

**叶底**:嫩绿,匀齐成朵,芽芽直立。

### 2. 碧螺春

碧螺春产自我国江苏吴县(现苏州吴中区)太湖洞庭东西二山,原名吓煞人香,1699年,康熙皇帝南巡品饮此茶之后觉得原名不雅,遂赐名为"碧螺春"。碧螺春具有"一嫩三鲜"的品质特征,"一嫩"即采摘嫩,"三鲜"指的是香鲜、色鲜、味鲜。

**外观**:条索紧结,卷曲如螺,白毫显露,银绿隐翠,叶芽幼嫩。

**香气**:嫩香持久,同时兼具花果综合香气。其香气主要来源于独特的"茶果间作"种植方式,茶树与枇杷、杨梅、柑橘等果树根系交错,从土壤中吸取大量物质,从而形成了独特的花果香。

**汤色**:茶汤色泽碧绿,颜色青黄明亮,透明度高。

**滋味**:鲜醇甘爽,回味悠长。

**叶底**:鲜嫩明亮,叶片完整且质地柔软。

### 3. 庐山云雾茶

庐山云雾茶因产自中国江西省九江市的庐山而得名,是中国十大名茶之一,并在宋代被列为"贡茶"。庐山云雾茶以"味醇、色秀、香馨、液清"而久负盛名,素来享有极高的声誉。其独特的品质得益于庐山得天独厚的自然环境和悠久的种茶历史。

**外观**:叶片肥壮、匀正,叶芽柔嫩。

**香气**:独特高长,带有淡淡的花香和板栗香,香气鲜爽持久。

**汤色**:清澈明亮,类似于黄绿色或青绿带黄。

滋味：醇厚甘甜，回甘持久。
叶底：嫩绿匀齐，肥厚柔软，干净舒展。

### 4. 黄山毛峰

黄山毛峰产于安徽省黄山（徽州）一带，是中国十大名茶之一。黄山毛峰由清代光绪年间谢裕大茶庄创制，至今已有百余年的历史。

外观：外形微卷，状似雀舌，绿中泛黄，银毫显露，且带有金黄色鱼叶。鱼叶是黄山毛峰一芽一叶下那片过冬的小叶子，俗称"茶笋""金片"，是黄山毛峰区别于其他毛峰的显著特色。

香气：清高持久，带有独特的兰花香。

汤色：清澈明亮，呈青碧微黄色。

滋味：鲜浓醇厚，回味甘甜。

叶底：嫩黄成朵，色泽清新，比较均匀。

此外，绿茶名优茶还有河南信阳毛尖、安徽六安瓜片、浙江安吉白茶、四川竹叶青、四川蒙顶甘露等。

## 知识链接　绿茶鉴别

### 1. 新鲜茶叶和陈旧茶叶

新鲜绿茶的色泽鲜绿、有光泽，闻有浓味茶香；茶汤色泽碧绿，有清香、兰花香、熟板栗香等，滋味甘醇爽口；叶底鲜绿明亮。陈旧绿茶茶色黄暗晦、无光泽，香气低沉；茶汤色泽深黄，味虽醇厚但不爽口；叶底陈黄欠明亮。

### 2. 春茶、夏茶和秋茶

春茶芽叶硕壮饱满，色墨绿，润泽，条索紧结、厚重，泡出的茶汤味浓、甘醇爽口，香气浓；叶底柔软明亮。夏茶条索较粗松，色杂，叶芽木质分明；泡出的茶汤味涩；叶底质硬，叶脉显露，夹杂铜绿色叶子。秋茶条索紧细、丝筋多、轻薄、色绿；泡出的茶汤色淡，汤味平和、微甜，香气淡；叶底质柔软，多铜色单片。

## 三、绿茶冲泡与品饮

### （一）冲泡器具

**玻璃杯：** 透明材质，便于观察茶叶在水中的变化及茶汤的色泽。

**茶道组：** 包含茶匙、茶针、茶夹等小工具，用于取茶、分茶及整理茶具。

**茶盘：** 用于放置茶具，保持桌面整洁有序。

**茶巾：** 用于擦拭茶具，保持其干燥清洁。

**随手泡：** 此处指电热水壶，用于控制水温，确保冲泡时水温适宜。

**茶荷：** 用于暂时存放从茶罐中取出的茶叶，便于观赏和取用。

### （二）冲泡三要素

**投茶量：** 3 至 5 克，根据个人口味和玻璃杯大小适当调整。

**水温：** 80 至 90 度，绿茶较为娇嫩，过高的水温会破坏其营养成分和香气。

**浸泡时间与冲泡次数：** 首泡 10 至 30 秒，后续冲泡可根据个人喜好适当延长。一般绿茶三泡后茶味渐淡，但高品质绿茶可冲泡更多次。

### （三）冲泡步骤（玻璃杯上投法）

**赏茶：** 将干茶用茶则量取至茶盒中，供客人鉴赏干茶外形和香气。

**预热杯具：** 用热水冲洗玻璃杯，提高杯温，有助于激发茶香。

**注入热水：** 向玻璃杯中注入适量的热水，通常至七分满。待水温降至适宜温度（约 80 至 90 度）后再进行下一步。

**投入茶叶：** 将茶叶轻轻投入杯中，此时茶叶会随水流缓缓下沉，展现出优美的姿态。

**等待浸泡：** 让茶叶在杯中浸泡一段时间（通常为 10 至 30 秒），使茶叶充分展开并释放出香气和滋味。待茶汤温度适宜后，即可开始品饮（见图 4-11）。

| 赏茶 | 预热杯具 |
| 注入热水 | 投入茶叶、等待浸泡 |

图 4-11　绿茶冲泡步骤（玻璃杯上投法）

## （四）品饮方法

**观色**：举起玻璃杯，观察茶汤的颜色。好的绿茶茶汤清澈明亮，色泽翠绿或黄绿，给人以清新悦目的感觉。

**闻香**：轻嗅茶汤的香气，细嫩的绿茶往往带有清新的花香或果香，令人心旷神怡。

**品味**：小口品啜茶汤，让茶汤在口腔中充分停留。感受茶汤的滋味是否鲜爽、回甘是否悠长，以及是否有苦涩味等。通过品味，可以进一步领略绿茶的独特魅力。

## 第三节　黄茶珍稀：黄茶的加工、名优茶、冲泡与品饮

**知识导读**：黄茶属于部分发酵茶，加工时所采用的闷黄工艺使其具有黄汤黄叶、滋味平和的品质特征。黄茶主要产于浙江、四川、安徽、湖南、广东、湖北等地，其名优茶代表有四川蒙顶山的蒙顶黄芽、湖南安岳的君山银针等。

### 一、黄茶的加工

黄茶按原料分为芽茶和叶茶，芽茶以嫩芽为主，采摘标准相对较高，通常为单芽或一芽一叶，如君山银针；叶茶以嫩叶为主，采摘标准相对宽松，根据采摘细嫩程度又分为黄小茶和黄大茶，黄小茶如霍山黄芽，采摘一芽一二叶，黄大茶如广东大叶青，采摘一芽三四叶或一芽四五叶。

黄茶的基本加工工艺有：萎凋、杀青、揉捻、闷黄、干燥等，下面将重点介绍杀青、闷黄和干燥三个步骤。

#### 1. 杀青

黄茶杀青遵循"高温杀青、先高后低"的原则，以彻底破坏鲜叶中酶的活性，防止产生红梗红叶。与同等嫩度的绿茶相比，黄茶杀青的投叶量偏多，锅温偏低，时间偏长。

#### 2. 闷黄

闷黄是黄茶加工的独特工艺，也是黄茶品质形成的关键工序。它是在杀青的基础上，通过湿热作用使茶叶在湿热条件下发生特定的生物化学变化，如多酚类化合物部分氧化、叶绿素降解等，从而形成黄茶特有的黄叶黄汤品质特征。为了控制黄变的进程，通常要趁热，有时还需通过烘、炒来提高叶温，促进黄变；必要时也可通过翻堆来降低叶温。

#### 3. 干燥

黄茶加工一般采用分次干燥的方法，包括烘干和炒干两种。黄茶干燥时所需温度比其他茶类偏低，且遵循"先低后高"的原则即先低温烘炒，再高温烘炒。先低温烘炒实际上是为了减缓水分的蒸发速度，创造湿热条件，使茶叶在缓慢地干燥失水的同时，内含物进一步缓慢地转化，从而起到进一步闷黄的作用。低温烘炒后再采用较高温度的烘炒，是为了固定已经形成的黄茶品质。

## 二、黄茶名优茶

### 1. 君山银针

君山银针产于湖南安岳洞庭湖中的君山岛。君山银针历史悠久，始于唐代，清朝时被列为"贡茶"，是黄茶中的珍品。其成品茶芽头茁壮，长短大小均匀，茶芽内呈金黄色，外层白毫显露完整，而且包裹紧实，茶芽外形很像一根根银针，故得其名。相传文成公主进藏时就曾选带了君山银针。君山银针色泽鲜亮，香气高爽，汤色橙黄，滋味甘醇，虽久置而其味不变。

**外观**：君山银针细直如针，满披白毫，色泽金黄。

**香气**：浓郁持久。

**汤色**：橙黄明亮。

**滋味**：醇厚回甘，具有独特的黄茶"闷香"。

**叶底**：嫩绿匀齐，叶片完整，质地柔软。

### 2. 霍山黄芽

霍山黄芽产于安徽省霍山县，历史悠久，早在西汉时期，霍山县就有百姓种植茶树。唐代和明代，霍山黄芽更是被列为贡品，供皇室享用。霍山黄芽于2006年12月成功获批"国家地理标志保护产品"称号，并于2020年入选《中欧地理标志协定》首批保护名录，其品质得到了国际认可。

**外观**：形似雀舌，芽叶细嫩多毫，叶色嫩黄。

**香气**：清香持久，根据产地气候和制作工艺的不同，还可能出现花香或熟栗香等不同的香气类型。

**汤色**：黄绿明亮。

**滋味**：浓厚鲜醇，回味甘甜。

**叶底**：嫩黄明亮，柔软匀齐。

### 3. 蒙顶黄芽

蒙顶黄芽，因产自四川省蒙顶山区而得名。其原料为优质茶树嫩芽。鲜叶原料经过独特的闷黄工艺制成成品茶后，色泽金黄带润，形状匀整。

**外观**：条索紧细匀整，色泽金黄带润，芽头肥壮，满披细密金毫。

**香气**：香气高雅，带有明显的花香与果香，清新而持久。

**汤色**：金黄明亮，清澈透亮，如琥珀般赏心悦目。

滋味：鲜爽甘甜，回味悠长，带有淡淡的蜜香与果香，口感饱满而细腻。
叶底：叶张柔软，色泽黄绿相间，芽头肥嫩质厚。

## 三、黄茶冲泡方法与品饮

### （一）冲泡器具

玻璃杯：便于观赏茶叶在水中的姿态及茶汤色泽。

茶道组：包含茶匙、茶针、茶夹等，用于取茶、分茶及茶具整理。

茶盘：用于放置茶具，保持桌面整洁。

茶巾：用于擦拭茶具，保持干燥清洁。

随手泡：即电热水壶，便于控制水温。

茶荷：用于暂时存放从茶罐中取出的茶叶，便于观赏茶叶外形。

### （二）冲泡三要素

投茶量：3 至 5 克，根据玻璃杯大小和个人口味适当调整。

水温：80 至 90 度，黄茶较绿茶耐泡，但过高的水温可能破坏其特有的香气和口感。

浸泡时间与冲泡次数：首泡 10 至 30 秒，后续可根据个人喜好适当延长，一般三泡后茶味渐淡。

### （三）冲泡步骤（玻璃杯中投法）

赏茶：将干茶用茶则量取至茶盒中，供客人鉴赏干茶外形和香气。

预热杯具：用热水冲洗玻璃杯，提高杯温，有利于激发茶香。

注水至三分满：待水温降至适宜后，向玻璃杯中注入约三分之一的水。

投茶：将茶叶轻轻投入杯中，此时茶叶遇水初步展开。

浸润茶叶：轻轻转动玻璃杯，使茶叶均匀受水，促进内含物质的释放。

注水至七分满：继续注入热水至玻璃杯七分满，等待茶叶完全舒展，茶汤色泽渐显（见图 4-12）。

| 赏茶 | 预热杯具 | 注水至三分满 |
| 投茶 | 浸润茶叶 | 注水至七分满 |

图 4-12　黄茶冲泡步骤（玻璃杯中投法）

## （四）品饮方法

**观色**：举起玻璃杯，观察茶汤的颜色，黄茶茶汤多呈浅黄至金黄色，清澈明亮。

**闻香**：轻嗅杯口，感受黄茶特有的清香或熟香，有的还带有淡淡的果香或花香。

**品味**：小口细品，体会茶汤的鲜爽、醇厚及回甘，注意其层次感和持久度。

## 第四节　白茶纯真：白茶的加工、名优茶、冲泡与品饮

**知识导读**：白茶主要产自中国福建省的福鼎、政和、建阳、松溪、柘荣等地，被誉为茶中珍品，是六大茶类中的瑰宝。它以其独特的制作工艺——不经杀青或揉捻，仅通过自然萎凋、干燥等简单而精细的步骤，保留了茶叶最原始、最纯净的风味与营养。白茶的外观芽叶完整，满披白毫，如银似雪，故得名"白茶"。白茶按照采摘细嫩度分为芽茶和叶茶，芽茶的名优茶代表为白毫银针，叶茶的名优茶代表为白牡丹、贡眉、寿眉。白茶的汤色是象牙白，具有清淡回甘的品质特点。白茶不仅口感独特，更蕴含着丰富的营养成分，如茶多酚、氨基酸、维生素等，具有抗氧化、抗衰老、提高免疫力等多种保健功效。

### 一、白茶的加工

白茶是所有茶叶中内含成分保留最完整、营养成分最多（如氨基酸最多）的茶，发酵程度为10%，属于轻发酵茶。白茶的基本加工工艺主要有萎凋和干燥两种。

#### 1. 萎凋

萎凋是白茶制作的关键工序，通过萎凋可以使茶鲜叶失去水分，轻微发酵，达到白茶特有的品质特征。采摘鲜叶时需用竹匾及时摊放，使其厚度均匀，不可翻动。摊青后，根据气候条件和鲜叶等级，灵活选用室内自然萎凋、复式萎凋或加温萎凋等方式。白茶萎凋适宜的温度在20至25度，相对湿度在60%至80%之间。在这样的条件下，茶叶能够均匀、缓慢地失水，有利于茶多酚、氨基酸等物质的转化。萎凋时间一般为36至72小时，具体根据天气、茶叶品种等因素而定。

#### 2. 干燥

白茶干燥温度一般在80至90度，以避免高温破坏茶叶中的有效成分。干燥方式有自然干燥和机械干燥两种。自然干燥是将茶叶摊放在阳光下晒干；机械干燥则是利用烘干机烘干。烘干后茶叶水分应控制在5%至7%，甚至在5%以内。

### 二、白茶名优茶

#### 1. 白牡丹

白牡丹是白茶中的一种经典品类，因其绿叶夹银白色毫心，形似花朵，冲泡后绿叶托着嫩芽，宛若蓓蕾初放，故名。1922年以前创制于福建省南平市建阳区水吉镇。目前白牡丹的产地有政和、建阳、松溪、福鼎等地。

**外观**：叶态自然，色泽呈暗青苔色，叶背遍布洁白茸毛。

**香气**：毫香鲜爽。

**汤色**：杏黄或橙黄。

**滋味**：鲜醇。

**叶底**：浅灰，叶脉微红。

### 2. 白毫银针

白毫银针，简称银针，又叫白毫，因形状似针、白毫密被、色自如银而得名。白毫银针历史悠久，是中国十大名茶之一，素有茶中"美女""茶王"之称。主要产于中国福建省的福鼎、政和、柘荣、松溪、建阳等地，是白茶中的珍品。

**外观**：挺直似针，芽头肥壮，满披白毫。

**香气**：毫香清新。

**汤色**：杏黄色或淡黄色。

**滋味**：鲜甜醇爽。

**叶底**：呈银白色或灰白色，芽头柔软肥嫩，有弹性。

### 3. 贡眉

贡眉，作为白茶中的经典之作，历史悠久。贡眉原料精选自优质茶树的一芽二三叶或嫩芽连叶，制作工艺精湛，其成品茶条索紧结，色泽灰绿带银毫，故得"贡眉"之名，寓意其品质上乘，昔日曾作贡品。主要产于中国福建省的福鼎、政和等地，这些地方的自然条件为贡眉原料的生长提供了得天独厚的环境。

**外观**：条索紧结略卷曲，色泽灰绿间杂银白毫，古朴而雅致。

**香气**：香气高长，带有明显的花果香与木质香，层次丰富。

**汤色**：橙黄明亮，或呈琥珀色，清澈透亮。

**滋味**：醇厚甘甜，回味悠长，带有淡淡的蜜香与果香。

**叶底**：叶张柔软，色泽黄绿相间，叶脉清晰。

### 4. 寿眉

寿眉原料多选用一芽二三叶或更成熟的叶片，经精细加工后，展现出独特的韵味与风姿。主要产于中国福建省的福鼎、政和等地。寿眉虽不以芽头为主，但其成品茶形态舒展，色泽黄绿相间，间杂银毫，别有一番风味。

**外观**：条索自然舒展，叶片较大，黄绿相间，间或有银毫点缀，质朴而大方。

**香气**：香气醇厚，带有淡淡的草木香与果香，持久耐闻。

**汤色**：橙黄明亮，或偏向琥珀色，清澈而有光泽。

**滋味**：醇厚回甘，口感饱满，带有微微的甜润与花香，余味悠长。

**叶底**：叶张柔软，色泽黄绿，叶脉明显。

## 三、白茶冲泡与品饮

### （一）冲泡器具

**玻璃杯**：便于观察白茶在水中的变化及茶汤色泽。

**茶道组**：包含茶匙、茶针、茶夹等，用于取茶、分茶及茶具整理。

**茶盘**：用于放置茶具，保持桌面整洁。

**茶巾**：用于擦拭茶具，保持其干燥清洁。

**随手泡**：即电热水壶，便于控制水温。

**茶荷**：暂时存放茶叶，便于观赏和取用。

### （二）冲泡三要素

**投茶量**：3 至 5 克，根据个人口味和玻璃杯大小调整。

**水温**：虽然白茶较绿茶更为耐泡，但为保持其鲜爽与香气，水温仍建议控制在 80 至 90 度，特别是高品质的白茶，如白毫银针，水温可稍低。如若冲泡老白茶，水温可适当调高至 95 至 100 度。

**浸泡时间与冲泡次数**：首泡 10 至 30 秒，后续冲泡可适当延长。白茶一般可冲泡多次，尤其是老白茶，耐泡度更高。三泡后虽茶味渐淡，但仍可继续冲泡品味其变化。

### （三）冲泡步骤（玻璃杯下投法）

**赏茶**：将干茶用茶则量取至茶盒中，供客人鉴赏干茶外形和香气。

**预热杯具**：用热水冲洗玻璃杯，提高杯温。

**投入茶叶**：将适量茶叶直接投入玻璃杯中。

**注入热水**：直接注入 80 至 90 度的热水至玻璃杯七分满，使茶叶迅速浸润并释放出香气。待茶汤温度适宜后，即可开始品饮（见图 4-13）。

赏茶

预热杯具

投入茶叶

注入热水

图 4-13　白茶冲泡步骤（玻璃杯下投法）

## （四）品饮方法

**观色：** 观察茶汤颜色，白茶茶汤多呈浅黄至金黄色，清澈明亮，随着冲泡次数的增加，颜色会逐渐加深。

**闻香：** 轻嗅茶汤香气，白茶香气清新高雅，有的带有花香、果香或木质香。

**品味：** 小口品啜茶汤，让茶汤在口腔中充分停留。感受茶汤的滋味是否鲜爽、醇厚，以及是否有回甘。白茶的口感通常较为柔和，不苦涩，回味悠长。

## 第五节 红茶浓情:红茶的加工、名优茶、冲泡与品饮

**知识导读**:红茶属于全发酵茶类,发酵程度为80%至100%不等,具有红汤红叶、滋味甜醇的品质特征。红茶的发源地在我国福建崇安一带,福建的正山小种红茶是最早的红茶,被称为"红茶鼻祖"。我国安徽祁门红茶与印度的大吉岭红茶、斯里兰卡的锡兰红茶并称为世界三大高香茶。

### 一、红茶的加工

我国红茶包括工夫红茶、红碎茶和小种红茶,其制法大同小异,都有萎凋、揉捻、发酵、干燥四个工序。

#### 1. 萎凋

萎凋是指鲜叶经过一段时间失水,使一定硬脆的梗叶成萎蔫凋谢状的过程,是红茶初制的第一道工序。经过萎凋,可适当蒸发水分,使叶片柔软,韧性增强,便于造形。此外,这一过程能使鲜叶中的青草味消失,茶叶清香欲现,是形成红茶香气的重要加工阶段。

#### 2. 揉捻

红茶揉捻的目的与绿茶相同,即在揉捻过程中使茶叶成形并增进其色香味浓度。同时,揉捻可使茶叶细胞被破坏,使茶叶在酶的作用下进行必要的氧化,从而保证发酵的顺利进行。

#### 3. 发酵

发酵是红茶制作的独特阶段,经过发酵,叶色由绿变红,形成红茶红叶红汤的品质特点。目前普遍使用发酵机进行发酵,发酵温度为22至24度。发酵适度,嫩叶色泽红润,老叶红里泛青,青草味消失,具有熟果香。此外,发酵室的空气相对湿度应保持在95%至98%,并保证室内空气流通。

#### 4. 干燥

干燥是将发酵好的茶坯,采用高温烘焙,使其迅速蒸发水分的工艺。其目的在于:利用高温迅速钝化酶的活性,停止发酵;蒸发水分,缩小体积,固定外形,保持干度以防霉变;帮助红茶散发大部分低沸点青草气味,激化并保留高沸点芳香物质,获得特有的甜香。

## 二、红茶名优茶

### 1. 祁门红茶

祁门红茶简称祁红,产于中国安徽省西南部黄山市祁门县一带,创制于1875年,至今已有一百多年历史。祁门红茶素以"香高、味醇、形美、色艳"四绝驰名于世。1915年获巴拿马万国博览会金奖,2008年入选第二批国家级物质文化遗产代表性项目名录,入选"中国地理标志农产品(茶叶)区域公用品牌声誉前100位"。

**外形**:条索紧细,苗秀显毫,色泽乌润。

**香气**:独特而浓郁,被誉为"祁门香"。这种香气高扬持久,是玫瑰花香、果香和蜜香的融合,香气扑鼻,令人陶醉。

**汤色**:红艳明亮,金圈闪耀。

**滋味**:浓醇鲜爽,回甘生津。

**叶底**:嫩软,红艳明亮。

### 2. 云南滇红

云南滇红全称"云南红茶",产于云南省西南部的临沧、保山、凤庆、西双版纳、德宏等地。这些地方地处高原,气候温暖湿润,土壤肥沃,适宜茶树生长。云南滇红选用优良的云南大叶种茶树鲜叶,经萎凋、揉捻或揉切、发酵、干燥等工序制成,是中国红茶的重要代表之一。

**外观**:条索紧细,匀齐,色泽乌润,金毫显露。

**香气**:独特而浓郁,带有花果香和蜜香,香气持久。一些特殊品种的滇红在萎凋后还会带有果香,如桂圆、苹果等香气。

**汤色**:红艳明亮,透着金黄。

**滋味**:醇厚饱满,细腻爽口,具有"浓、强、鲜"的显著特色。

**叶底**:红亮柔软,匀齐成朵。

### 3. 正山小种

正山小种又称"拉普山小种",产地在福建省武夷市,被誉为"世界红茶的始祖"。相传,明朝中后期时,茶农为了挽救过度发酵的茶叶,采用松木加温烘干,从而形成了具有独特的松烟香的正山小种。

**外形**:条索肥壮、紧结圆直。

**香气**:具有独特的松烟香,冲泡后散发出深邃而浓烈的果香、花香和蜜香。

**汤色**:红浓。

**滋味**：滋味醇厚且滑爽，带有微妙的甘甜和轻微的焦糖味，回味悠长。
**叶底**：古铜色，厚实光滑。

## 三、红茶冲泡与品饮

### （一）冲泡器具

**盖碗**：用于泡茶，以瓷质盖碗为佳，易显汤色且易掌控冲泡节奏。
**公道杯**：用于均匀茶汤，确保每杯茶汤的浓度和口感一致。
**品茗杯**：用于品尝茶汤。
**随手泡**：用于烧开水，建议选用能控制水温的电热水壶。
**茶道组**：包含茶匙、茶针、茶夹等小工具，用于取茶、拨茶等。
**茶盘**：用于放置茶具，保持桌面整洁。
**茶巾**：用于擦拭茶具上的水滴或茶渍。

### （二）冲泡三要素

**投茶量**：一般来说，根据盖碗的容量，投茶量在 3 至 5 克为宜。具体投茶量还需根据个人口味、茶叶质量等因素进行调整。

**水温**：红茶是全发酵茶，对水温要求较高。冲泡红茶时，水温应控制在 90 至 100 度之间。高温有助于充分激发红茶的香气和口感。

**浸泡时间与冲泡次数**：第一泡的浸泡时间一般在 10 秒以内，后续冲泡可根据茶汤浓度和个人口喜好调整浸泡时间。一般来说，红茶可冲泡 3 至 5 次，具体次数取决于茶叶的质量和冲泡方法。

### （三）冲泡步骤（盖碗冲泡法）

**赏茶**：将干茶用茶则量取至茶盒中，供客人鉴赏干茶外形和香气。
**温杯洁具**：用开水将盖碗、公道杯、品茗杯等茶具烫洗一遍，以提升茶具温度，有利于激发茶香。
**投茶**：根据个人口味和盖碗容量，将适量红茶投入盖碗中。
**闻香**：手执茶杯有规律地轻轻晃动后，揭盖闻香。
**浸润泡**：沿盖碗边缘缓缓注入开水，注意控制水温在 90 至 100 度之间。注水时可采用高冲低斟的方式，使茶叶在盖碗中翻滚，充分激发茶香。
**冲泡**：根据茶叶种类和个人口感，控制冲泡时间。
**出汤**：将泡好的茶汤倒入公道杯中，注意出汤时要稳、准、快，避免茶汤过浓或过淡（见图 4-14）。

**分茶：**将公道杯中的茶汤分到品茗杯中。

**奉茶：**双手将茶汤敬奉至客人面前，鞠躬行礼。

图 4-14 红茶冲泡步骤（盖碗冲泡法）

## （四）品饮方法

**观色：**观察茶汤的颜色，优质红茶的茶汤应呈红亮或金黄透亮，清澈无杂质。

**闻香：**轻嗅茶汤的香气，优质红茶香气高长持久，带有果香、花香或甜香等愉悦气息。

**品味：**小口品尝茶汤，感受红茶的醇厚口感和甘甜滋味。注意茶汤在口腔中的变化和回甘情况，以充分领略红茶的独特魅力。

# 第六节　黑茶深邃：黑茶的加工、名优茶、冲泡与品饮

**知识导读**：由于原料比较粗老，黑茶在制造过程中往往要堆积发酵较长时间，所以叶片大多呈现暗褐色，因此被人们称为黑茶。它是六大茶类之一，属后发酵茶。古时黑茶主要销往边疆地区，所以又称边销茶。主产区为四川、云南、湖北、湖南等地。

## 一、黑茶的加工

黑茶的加工一般包括杀青、揉捻、渥堆和干燥四道工序。用于生产黑茶的鲜叶较为粗老，多为春茶尾或夏茶，一般采摘一芽四五叶新梢。

### 1. 杀青

由于黑茶原料比较粗老，为了避免因水分不足而导致的杀青不匀透，一般除雨水叶、露水叶和幼嫩芽叶，都要按10∶1的比例洒水（即10千克鲜叶1千克清水）。洒水要均匀，以便于黑茶杀青匀透。黑茶的杀青分为手工杀青和机械杀青两种，现代生产中多采用机械杀青。

### 2. 揉捻

杀青后趁热将茶叶初步揉捻成条，使茶汁溢出，为后续的渥堆做准备。黑茶原料粗老，揉捻时需注意轻压、短时、慢揉，以免茶叶破碎过多。待黑茶嫩叶成条，粗老叶成皱时即可。

### 3. 渥堆

渥堆是黑茶制作过程中最为关键的工序，也是黑茶色香味形成的重要环节。黑茶渥堆应有适宜的条件，要在背窗、洁净的地面，避免阳光直射，室温在25度以上，相对湿度保持在85%左右。初揉后的茶坯，可立即堆积起来，高约1米，上面加盖湿布、蓑衣等物，目的是保温保湿。渥堆过程中需定期检查并翻拌茶叶，以确保其均匀发酵。

### 4. 干燥

干燥是黑茶初制中最后一道工序。干燥时采用松柴旺火烘焙，不忌烟味，去除茶叶中的多余水分，以焙形成黑茶特有的品质，即油黑色和松烟香。

## 二、黑茶名优茶

### 1. 湖南安化黑茶

湖南安化黑茶产自湖南省益阳市安化县,属于后发酵茶,其历史可追溯到唐代,被誉为"中国黑茶的始祖"。安化黑茶在古代就享有盛名,曾入选朝廷贡品,并大量远销外国。

**外观**:色泽黑润或黑褐,条索紧结,形态各异。

**香气**:纯正而独特,带有菌花香、松烟香等多种香气。

**汤色**:橙黄或橙红色,明亮。

**滋味**:浓郁醇厚,回甘持久。

**叶底**:黄褐色或红褐色,完整有弹性。

### 2. 湖北老青茶

湖北老青茶,又称"青砖茶"或"川字茶",主要产于湖北省内的赤壁市、咸宁、通山、崇阳、通城等地,是湖北省的传统名茶之一。其历史悠久,可追溯至清乾隆年间,后成为重要的贸易商品销往各国。

**外观**:紧结重实,色泽乌绿油亮,叶缘微翘,呈波浪状,俗称"蟹爪"。

**香气**:清香高长,有独特的陈香。

**汤色**:红浓明亮,透亮而有光泽。

**滋味**:醇厚甘甜。

**叶底**:黑褐色,细嫩柔软有弹性。

### 3. 广西梧州六堡茶

广西黑茶最著名的是梧州六堡茶,因产于广西梧州市苍梧县六堡乡而得名。已有上千年的生产历史。它以"红、浓、陈、醇"四绝著称,具有独特的槟榔香,是广西黑茶的代表。六堡茶的历史悠久,可追溯至1500多年前,是当地人民在长期的生产实践中创造出的宝贵财富。近年来,广西梧州六堡茶在市场上的知名度和美誉度不断提升,深受茶叶爱好者的喜爱。

**外观**:条索粗壮,色泽黑润有光泽,随着时间的推移,茶叶表面还会形成一层自然的灰"霜"。

**香气**:以陈香和槟榔香最为突出。新制的六堡茶可能带有花果香或菌香,而经过长时间陈化的老茶则会产生陈香、木香、枣香、参香等多种香气。其中,槟榔香是六堡茶最正宗的味道,它由茶叶制作过程中的松烟香转化而成,经过岁月的沉淀而愈发醇厚。

**汤色**：红浓明亮。
**滋味**：甘醇爽口。
**叶底**：铜褐色或红褐色，柔软明亮。

> **知识链接** 黑茶的起源

黑茶的起源可追溯到唐宋时期。茶马交易的"茶"最先指的是绿茶。由于运输路线漫长且条件艰苦，且没有遮阳避雨的工具，雨天茶叶常被淋湿，天晴又被晒干，这种干、湿互变过程使茶叶在微生物的作用下自然发酵，形成了独特的风味。因此，"黑茶是马背上形成的"的说法是有其道理的。久而久之，人们就在初制或精制茶叶的过程中增加了一道称为"渥堆"的工序，用于生产黑茶。

## 三、黑茶冲泡与品饮

### （一）冲泡使用器具

**盖碗**：用于冲泡黑茶，以瓷质盖碗为佳，能较好地保持茶汤的温度和香气。
**公道杯**：用于均匀茶汤，确保每杯茶汤的浓度和口感一致。
**品茗杯**：用于供客人品尝茶汤。
**烧水壶**：用于烧开水，建议选择能控制水温的电热水壶。
**茶道组**：包括茶匙、茶针等小工具，用于取茶、拨茶等。
**茶盘**：用于放置茶具，保持桌面整洁。
**茶巾**：用于擦拭茶具上的水滴或茶渍。

### （二）冲泡三要素

**投茶量**：一般来说，根据盖碗的容量和个人口味，投茶量在5至8克为宜。如果是紧压茶，可适当减少投茶量，因为紧压茶在冲泡过程中会逐渐舒展开来。

**水温**：黑茶是全发酵茶，且多数黑茶经过长时间的存放和转化，因此冲泡时对水温要求较高。建议使用100度的水进行冲泡，以充分激发黑茶的香气和滋味。如果水质较硬，建议提前将水烧开并静置一段时间，待水中的杂质沉淀后再使用。

**浸泡时间与冲泡次数**：黑茶的浸泡时间和冲泡次数因茶叶种类、紧压程度和个人口味而异。一般来说，第一次冲泡时浸泡时间可稍长一些，让茶叶充分苏醒和伸展，后续冲泡则根据茶汤浓度和个人口感适当调整浸泡时间。通常黑茶可冲泡多次，每次冲泡的浸泡时间可逐渐延长。

## （三）冲泡步骤（盖碗冲泡法）

**赏茶**：将干茶用茶则量取至茶盒中，供客人鉴赏干茶外形和香气。

**温杯洁具**：用开水将盖碗、公道杯、品茗杯等茶具烫洗一遍，以提升茶具温度，有利于激发茶香。

**投茶**：根据个人口味和盖碗容量，将适量黑茶投入盖碗中。使用茶匙轻轻拨入，避免直接用手抓取。

**浸润泡**：沿盖碗边缘缓缓注入沸水，注意控制水流速度和角度，避免直接冲击茶叶。首次注水后将茶汤倒掉。

**再次浸润泡**：沿盖碗边缘缓缓注入沸水，注意控制水流速度和角度，避免直接冲击茶叶。注水后将茶汤倒掉。

**冲泡出汤**：再次注入热水，静待出汤。

**分茶**：将公道杯中的茶汤分到品茗杯中。

**奉茶**：双手将茶汤敬奉至客人面前，鞠躬行礼。待茶汤温度适宜后，即可开始品饮。

图 4-15 黑茶冲泡步骤（盖碗冲泡法）

## （四）品饮方法

**观色**：观察茶汤的颜色和透明度。优质黑茶的茶汤通常呈红褐色或深棕色，清澈透亮无杂质。

**闻香**：轻嗅茶汤的香气。黑茶的香气复杂，可能包括陈香、木香、菌香等多种香气成分，需细细品味茶香中的层次感和变化。

**品味**：小口品尝茶汤的滋味。黑茶的口感醇厚滑顺回甘强烈且持久。注意感受茶汤在口腔中的变化和余韵留长程度。同时根据个人口味判断茶汤的浓度是否适中以及是否需要调整后续冲泡的浸泡时间等参数。

> **知识链接** 新茶的喝法
>
> 茶并非越新越好，喝法不当易伤肠胃。新茶由于刚采摘回来，存放时间短，含有较多的未经氧化的多酚类、醛类及醇类等物质。这些物质对健康人群并没有多少影响，但对胃肠功能差，尤其本身就有慢性胃肠道疾病的人来说，就会刺激胃肠黏膜，诱发胃肠病。因此新茶不宜多喝，存放不足半个月的新茶更不要喝。此外，新茶中还含有较多的咖啡因、活性生物碱以及多种芳香物质，这些物质还会使人的中枢神经系统兴奋，有神经衰弱、心脑血管病的人应适量饮用，而且不宜在睡前或空腹时饮用。正确方法是放置半个月以后再饮用。

数字资源

## 第七节　青茶雅趣：青茶的加工、名优茶、冲泡与品饮

**知识导读**：青茶又称乌龙茶，属于部分发酵茶类，发酵程度为10%至70%不等。乌龙茶的品质特征是同时具有绿茶的清香与红茶的甜醇。福建安溪县劳动人民在清雍正年间创制了青茶，青茶首先传入闽北，后传入台湾。目前我国青茶产区有福建、广东、台湾等，其中福建产制历史最长，产量最多，品质最好，尤以安溪铁观音和武夷岩茶闻名于海内外。

### 一、青茶的加工

青茶的基本加工工艺有：萎凋、做青（摇青）、杀青、揉捻、干燥等，其中做青是形成青茶品质特征的关键工序，是奠定其香气和滋味的基础。

#### 1. 萎凋

青茶的萎凋是其制作过程中的关键步骤。萎凋的目的是通过控制鲜叶的水分流失，加速鲜叶内化学变化，为后续的做青等流程奠定基础。

#### 2. 做青

做青是产制青茶的重要工序，青茶特殊的香气和"绿叶红镶边"的特征就是在做青中形成的。将萎凋后的茶叶置于做青机中摇动，使叶片互相碰撞，擦伤叶缘细胞。摇动后，叶片由软变硬。再静置一段时间，氧化作用相对减缓，使叶柄叶脉中的水分慢慢扩散至叶片，此时鲜叶又逐渐膨胀，恢复弹性和柔软度。经过如此有规律的动与静的过程，茶叶发生了一系列化学变化：叶缘细胞的破坏，使叶片发生轻度氧化，边缘呈红色；叶片中央部分，叶色由暗绿转变为黄绿，即所谓的"绿叶红镶边"。水分的蒸发，有利于香气、滋味的发展。一次做青的完整流程为做青—等青—做青，制作青茶需重复4至8次上述流程，耗时6至8小时。所以做青是青茶制作过程中最细致、最复杂、技术性最强的工艺。

#### 3. 杀青

青茶的品质特征已在做青阶段基本形成，杀青是承上启下的重要工序。与绿茶一样，青茶杀青的目的首先是抑制鲜叶中酶的活性，控制氧化进程，防止叶片继续红变，固定做青形成的品质。其次是加速鲜叶气味的挥发和转化，产生馥郁的茶香。同时通过湿热作用破坏部分叶绿素，使叶片黄绿而亮。最后是挥发一部

分水分，使叶子柔软，便于揉捻。

#### 4. 揉捻

揉捻不仅塑造了青茶的外形，还进一步促进了茶叶内部的化学变化，对青茶品质的形成有重要影响。

#### 5. 干燥

青茶的干燥一般要求低温慢焙，其焙火方式有炭火焙火和烘干机焙火等。炭火焙火的温度控制在60度左右，笼上加盖，焙至火香显露。烘干机焙火设定温度一般为110度左右，摊叶厚度为4至5厘米，焙火直到有火香为止。

## 二、青茶名优茶

青茶按产地分，可分为闽北如大红袍，闽南如铁观音、黄金桂、毛蟹，广东如凤凰单枞、凤凰水仙，台湾如文山包种茶（发酵程度最轻，15%至20%）、冻顶乌龙茶、东方美人（发酵程度最重，约为65%）。按发酵程度分，可分为轻度发酵茶、中度发酵茶、重度发酵茶。按外形分可分为颗粒型青茶、条形青茶。

### 1. 福建安溪铁观音

安溪既是铁观音的故乡，也是黄金桂的发源地。安溪产茶始于唐代，兴于明清，盛于当代，至今已有一千多年的历史。铁观音是青茶中的极品，茶人又称其为"红心铁观音"。铁观音既是茶叶名称又是茶树品种名称。茶树铁观音天性娇弱，抗逆性较差，产量较低，有"好喝不好栽"之说。

**外观**：茶条卷曲，肥壮圆结，沉重匀整，色泽砂绿，整体形状似蜻蜓头、螺旋体、青蛙腿。

**香气**：馥郁持久，类型多样，其中以兰花香最为突出，同时还有花果香、焦糖香等香型。

**汤色**：金黄明亮，浓艳清澈。

**滋味**：醇厚甘鲜，带有自然的甜润感。令人回味无穷，俗称"观音韵"。

**叶底**：叶底肥厚，色泽明亮，柔软且匀齐，无碎屑和杂质。

### 2. 大红袍

大红袍是武夷岩茶的一种，历史悠久。据史料记载，唐代时民间就已将其作为馈赠佳品，宋代时被列为皇家贡品。武夷岩茶大红袍产自福建武夷山天心岩九龙窠的高岩峭壁上，在"四大名枞"中享有最高声誉，以其独特的仙骨岩韵而著称于世。因产地不同又分为正岩茶、半岩茶和洲茶。

**外观**：条索紧结，绿褐鲜润。

**香气**：具有馥郁的兰花香，香高而持久。

**汤色**：橙黄明亮，如琥珀；在茶杯中，大红袍的茶汤还会形成一层"金圈"。

**滋味**：滋味醇厚回甘，"岩韵"明显。

**叶底**：色泽鲜活，呈青褐色或紫褐色，质地柔软厚实，叶片完整且匀齐，耐泡性强。

### 3. 广东凤凰单枞

凤凰单枞产于广东省潮州市潮安区凤凰山，产销历史已有900余年。现存的3000余株单枞大茶树，树龄均在百年以上，形状奇特，品质优良。每株年产干茶10余千克。

**外观**：条索粗壮，匀整挺直，色泽黄褐，油润有光，并有朱砂红点。其条索紧细、圆直、匀齐、重实，具有高山茶叶的独特品质。

**香气**：以香型众多、韵味独特而闻名，被誉为"茶中香水"。其香气清高、持久，有花香、果香、蜜香等香型，类型多样且独特。

**汤色**：金黄明亮，清澈透亮。

**滋味**：醇厚甘爽，回甘强，"山韵"明显。

**叶底**：色泽明亮且均匀，有润度。

### 4. 文山包种茶

文山包种茶产于台北文山区，文山区有200多年植茶历史，有"北文山，南冻顶"之称。包种茶发酵程度约在15%至20%之间，是所有青茶中发酵程度最轻的一种。

**外观**：条索紧结，自然卷曲，茶色墨绿且油光闪亮，茶叶表面带有灰白点的青蛙皮斑。这是文山包种茶独有的外观特征。

**香气**：以清新高雅的香气著称，香气高长且持久，带有天然的花香或果香，给人以愉悦的感受。这种香气在冲泡时更加明显，随着水温的升高而逐渐散发出来。

**汤色**：金黄明亮，清澈透明，犹如琥珀般美丽。

**滋味**：甘醇滑润，入口生津，回味悠长。

**叶底**：肥嫩柔软，形态完整，色泽鲜绿且富有光泽。

### 5. 冻顶乌龙茶

冻顶乌龙茶又称冻顶茶，是台湾著名的半发酵包种茶，主产于台湾南投县鹿谷乡的冻顶山，该地区海拔约 700 米，山高林密，土质优良，非常适合茶树生长。之所以称为"冻顶乌龙茶"，是因为该地区冻顶乌龙茶的发展可追溯到清咸丰五年（1855），当地村民林凤池从福建带回乌龙茶苗种植于冻顶山，逐渐发展成当今的冻顶茶园。

**外观**：茶叶紧结，呈条索状，墨绿色带有光泽，边缘隐现金黄色，形似半球状。
**茶汤**：清澈透明，呈蜜黄色或橙黄色。
**香气**：清香持久，带有花香或果香，其中桂花香较为常见。
**滋味**：甘醇浓厚，"高山"韵浓。
**叶底**：边缘呈红色，叶中部则呈淡绿色，形成鲜明的对比。

### 6. 白毫乌龙茶

白毫乌龙茶因其外观而得名，是青茶中发酵程度最重的茶品，一般发酵度在 60% 至 85% 之间。该茶在百余年前外销至西方国家时，得到英国女王维多利亚的赞赏，被赐名"东方美人茶"。白毫乌龙茶主要产自台湾新竹县的峨眉乡、北埔乡、竹东镇及苗栗县的头屋乡、头份镇等，这些地区的气候和土壤条件为白毫乌龙茶的生长提供了得天独厚的优势。白毫乌龙茶的制作工艺与其他青茶相仿，但在制作过程中，必须让小绿叶蝉（又称浮尘子）叮咬吸食茶叶，以实现其唾液与茶叶酵素混合从而产生特别的香气，这是形成白毫乌龙茶独特风味的重要步骤。

**外观**：茶芽肥大、白毫显露，茶叶呈现红、白、黄、绿、褐色泽，五色相间，鲜艳明亮。
**茶汤**：澄澈明亮，呈琥珀色。
**香气**：具有熟果香或蜂蜜香，香气持久。
**滋味**：甜醇可口，滋味软甜甘润，少有涩味。
**叶底**：红亮透明，叶质柔软。

## 三、青茶冲泡与品饮

### （一）冲泡器具

**紫砂壶**：用于冲泡青茶。紫砂壶具有独特的双气孔结构，能够吸附茶汁，蕴蓄茶味，使茶汤更加醇厚滑爽。

**公道杯**：用于盛装紫砂壶中泡好的茶汤，以便均匀分配到各个品茗杯中。

**品茗杯**：用于供客人品尝茶汤。

**随手泡**：用于烧开水，最好选用能控制水温的电热水壶，以便精确控制冲泡水温。

**茶道组**：包括茶匙、茶针等小工具，用于取茶、疏通壶嘴等。

**茶盘**：用于放置茶具，保持桌面整洁。

**茶巾**：用于擦拭茶具上的水滴或茶渍。

### （二）冲泡三要素

**投茶量**：应根据紫砂壶的容量和个人口味而定。一般来说，投茶量约占紫砂壶容量的1/5至1/3为宜。对于条索紧结的青茶，可适当减少投茶量；而对于条索松散的青茶，则可适当增加投茶量。

**水温**：通常为100度，这样的高温能够充分激发茶叶的香气和滋味。如果使用高山茶或较为细嫩的青茶，水温可适当降低至95度。

**浸泡时间与冲泡次数**：应根据茶叶的种类、紧压程度和个人口味来调整浸泡。一般来说，第一泡的浸泡时间可稍短一些（15秒左右），以便让茶叶逐渐苏醒和伸展；后续冲泡则可根据茶汤浓度和个人口感逐渐延长浸泡时间。青茶一般可冲泡多次，每次冲泡的浸泡时间可依次递增。

### （三）冲泡步骤（紫砂壶冲泡法）

**赏茶**：将干茶用茶则量取至茶盒中，供客人鉴赏干茶外形和香气。

**温杯烫壶**：用开水将紫砂壶内外烫洗一遍，以提升壶温，有利于激发茶香。

**投茶**：根据个人口味和紫砂壶容量，将适量青茶投入紫砂壶中。

**浸润泡**：向紫砂壶中注入少量沸水，迅速倒出，以唤醒茶叶，让茶叶初步展开，释放出香气。

**刮沫**：用壶盖轻轻刮去壶口的茶沫，使茶汤更加清澈。

**涤荡闻香杯中的茶汤**：将浸润泡的热水倒入闻香杯中，旋转一圈后倒出，以预热闻香杯，增强茶香。

**冲泡**：再次注入沸水至紫砂壶中，盖上壶盖，根据前面提到的浸泡时间等待出汤。冲泡时，应注意水温、浸泡时间和冲泡次数，以充分展现青茶的香气和滋味。

**淋壶增温**：在冲泡过程中，可用开水淋在紫砂壶外壁，以保持壶温，有利于茶香的持续释放。

# 第四章 茶香品鉴：六大茶类的加工、名优茶、冲泡与品饮

**将茶汤依次注入闻香杯**：将冲泡好的茶汤从紫砂壶中倒出，依次注入闻香杯中，注意不要过满，以免影响品饮。

**扣杯**：将品茗杯扣在闻香杯上，以便后续翻杯时茶汤不会溅出。

**翻杯**：将扣好的品茗杯和闻香杯一起翻转过来，使茶汤流入品茗杯中。此时，可以轻轻晃动品茗杯，使茶汤更加均匀。

**奉茶**：双手将茶汤敬奉至客人面前，鞠躬行礼。待茶汤温度适宜后，即可开始品饮（见图4-16）。

图4-16 乌龙茶冲泡步骤（紫砂壶冲泡法）

## （四）品饮

**观色：** 观察茶汤的颜色和透明度。优质的青茶茶汤通常呈金黄或橙黄色，清澈透亮，色泽诱人。

**闻香：** 轻嗅茶汤的香气。青茶的香气高扬持久，可能包括花香、果香等多种香型。细细品味茶香中的层次感和变化，感受其独特的韵味。

**品味：** 小口品尝茶汤的滋味。青茶的口感醇厚回甘，滋味丰富多变。注意感受茶汤在口腔中的变化和余韵，以及茶叶本身的苦涩味与甘甜味的平衡。同时根据个人口味判断茶汤的浓度是否适中以及是否需要调整后续冲泡的浸泡时间等。

### 学习目标

1. 掌握六大茶类的名称及其基本加工工艺。
2. 熟悉六大茶类的名优茶（品种、特征）以及冲泡要领。
3. 掌握玻璃杯、紫砂壶和陶瓷盖碗三大茶具的基本冲泡流程。

### 课堂讨论

1. 按照发酵程度划分，六大茶类分别属于哪种发酵程度？
2. 请列举六大茶类中的名优茶并说明其特性。
3. 根据经验，讨论泡茶过程中茶量、水温和浸泡时间的关系。
4. 假设你面前有三种名优茶（如龙井茶、铁观音、普洱茶），你将如何运用所学的鉴赏知识来区分它们？可从外观、香气、滋味等方面展开分析。

### 课后思考与作业

1. 练习六大茶类的冲泡技巧，熟悉冲泡流程。
2. 使用玻璃杯、紫砂壶、陶瓷盖碗三种茶具分别冲泡同一种茶（如红茶），记录每种茶具冲泡下的茶汤颜色、香气、口感等，找出差异，并分析原因。

# 第五章
# 茶脉新陈：茶艺的传承与创新

# 第一节　传统茶艺：四境韵味与历史传承

**知识导读**：古代茶人以茶为宴，茶宴始于魏晋南北朝时期，兴盛于唐代。唐代吕温在《三月三日茶宴序》中描写了与友人以茶代宴聚会时的情景："乃拨花砌，憩庭阴，清风逐人，日色留兴。卧指青霭，坐攀香枝。闲莺近席而未飞，红蕊拂衣而不散，乃命酌香沫，浮素杯，殷凝琥珀之色。不令人醉，微觉清思。"该诗强调了与友人饮茶时的分外陶醉之情，总结了茶艺在品茶时要做到的"四境"：环境、意境、人境、心境。吕温认为"四境"皆需完美融合，方能达到传统茶艺最高境界。

## 一、环境之美：自然与古朴的和谐统一

环境是品茶"四境"之首，指的是品茗场所的环境。传统茶艺非常注重品茗环境的选择与营造，因为这不仅关乎物理空间的舒适与美观，更在于通过环境来烘托茶的氛围，提升品茶的体验。环境主要涵盖了外部环境与内部环境两个层面。外部环境追求的是野趣、清幽与宁静，渴望与大自然的亲密接触。"茶"这一会意字，形象地表达了"人在草木间"的意境，寓意着人与自然的和谐共生。茶字还被赋予了长寿的象征，象征着爱茶之人能遵循自然生活，健康长寿。这种美好的寓意，使得茶不仅仅是一种植物，更蕴含了丰富的美学、哲学和道德感悟。在自然的怀抱中泡茶品茗，强调的是人与自然的和谐统一，如"今日鬓丝禅榻畔，茶烟轻飏落花风""涧花入井水味香，山月当人松影直""胡蝶双双入菜花，日长无客到田家""远眺城池山色里，俯聆弦管水声中"等诗句中所描绘的，都是对自然美景的享受。

内部环境则注重窗明几净、装修简朴而格调高雅，旨在营造温馨、亲切且舒适的品饮氛围。如今，随着新中式风格的流行，越来越多的年轻人重新爱上喝茶，他们追求的不仅仅是茶的味道，还有饮茶时所产生的那种复古、质朴、闲适的感觉。茶室的设计，无论是建材的选择，还是色彩的搭配，都力求体现简约而不失高雅的美感，让人能在品茶的同时感受到一种心灵的宁静。

## 二、意境之美：音乐与艺术的交融

传统茶艺通过一系列精心设计的动作和仪式，如泡茶、闻香、观色、品味等，

引导品茶者进行一种超越物质层面的精神体验。在这个过程中，茶艺师和品茶者共同构建了一个充满诗意和哲理的意境，使品茶不仅仅成为一种物质享受，更是一种心灵的洗礼和精神的升华。

为进一步营造意境、烘托气氛，古代茶人讲究"六艺助茶"，即通过抚琴、下棋、看书、作画、吟诗以及对金石古玩的收藏与鉴赏，来达到意境美的效果。其中，音乐在茶艺中扮演了举足轻重的角色。《乐记》中提道："德者，性之端也；乐者，德之华也。"《乐记》将音乐提升至"德之华"的高度，足见其在古代君子修身养性过程中的重要地位。

除了音乐，名家字画、金石古玩、花木盆景等也是营造意境的重要元素。在这些装饰中，楹联往往能起到画龙点睛的作用，精心挑选过的楹联可以增添茶室的文化底蕴和艺术氛围。

### 三、人境之美：志趣相投与品德高尚

传统茶艺强调人与人之间的和谐交流，认为品茶不仅是一种个人行为，更是一种社交活动。在茶艺过程中，主人与客人之间的互动、品茶者之间的思想碰撞和情感交流，都是构成人境之美的重要因素。在茶艺界，与你一同饮之人，可称为"茶侣"。茶侣的选择，对于品茶体验至关重要。苏轼就特别看重茶侣，曾有诗云："坐客皆可人，鼎器手自洁。"这里的"可人"，便是指与自己志趣相投的友人。又云："饮非其人茶有语"，意为如果茶能说话，会对不适当的茶侣提出抗议。可见，饮茶时一定要找志趣相投之人为伴侣。明代茶人陆绍珩在《醉古堂剑扫》中更是将"人品"列为选择茶侣的首要条件。他提道："煎茶非漫浪，要须人品与茶相得。故其法往往传于高流隐逸，有烟霞泉石、磊块胸次者。"这说明，在陆绍珩看来，品茶不仅仅是一种技艺，更是一种对人品的考验。只有品德高尚之人，才能悟出茶道中的禅机，领会道法自然、和谐中庸的茶文化思想。

### 四、心境之美：闲适、虚静与空灵

心境，是品茶"四境"中的最后一境，也是最为重要的一境。传统茶艺认为，品茶不仅是品味茶汤的滋味，更是品味人生的哲理和境界。通过品茶，人们可以净化心灵、陶冶情操、提升自我修养。在这个过程中，音乐、字画等艺术形式的辅助，往往能起到画龙点睛的作用，使品茶者的心境更加美好平和。

好的心境主要指闲适、虚静、空灵、舒畅的心理状态。在现实社会中，人们

往往面临着各种压力和挑战，好的心境很难保持。因此，在营造良好饮茶环境和氛围的同时，寻找知己好友共同泡茶、饮茶、品茶，便成为茶人追求内心闲适与舒畅的一种有效方式。唐代诗人杜荀鹤在《题德玄上人院》中表达了对闲适心境的向往："刳得心来忙处闲，闲中方寸阔于天。"他认为，人生在世为名忙、为利忙，但若忙中偷闲，静下心来品茶，便能让方寸之心变得比天空还广阔。浮生若梦，有几人能参透"四大皆空"的佛性？道家刻苦修炼，又有几人能长命百岁、羽化成仙？不如在禅定之后，乘着钟磬声和曼妙的月光，用石根泉水煮茶，让茶汤涤尽心中的困惑与昏寐。这种忙里偷闲的心境，是世俗之人禅悟后的心境，也是闲适、虚静、空灵的美妙心境。泡茶品茶时，茶人对人生的彻悟以及茶侣之间的影响有助于其形成好的心境。因此，茶人坚信：当内心烦闷、无法安静时，不妨坐下来，静静地泡上一壶茶，感受茶中的平和之气。让那清新的茶香、温润的茶汤，带走所有烦恼和忧愁，留下的是一分宁静和安详。

泡茶品茶并不只是一项技艺，还是对美学和精神的追求。品茶时，我们要做到"四境"俱美，从而实现对心境的自我救赎和解脱。

**知识链接　古代茶宴**

茶宴的起源可追溯到三国时期，到了唐代，茶宴已正式化，并广泛流行于文人雅士之间。宋代则是茶宴的鼎盛时期，不仅形式更加多样，文化内涵也更加丰富。

古代茶宴大致可分为以下三种形式。

宫廷茶宴：宫廷茶宴是古代最为豪华的茶宴形式，通常在金碧辉煌的皇宫内举行，气氛肃穆庄严，礼节严格。所用茶叶多为明前贡品，茶具为名贵瓷皿，所用之水也需为清泉玉液。茶宴过程中，皇帝近侍布茶施礼，群臣举杯闻香品味，并相互庆贺。

文人茶宴：文人茶宴是古代文人雅士之间的一种重要社交方式。他们相约于郊野山园、溪边竹下等地，烹泉煮茗、吟诗作对、闲谈纵论风雅之事。这种茶宴形式注重文化内涵和礼仪规范，体现了文人士大夫的高雅趣味和审美情趣。

寺院茶宴：寺院茶宴多在僧侣间进行，具有浓厚的宗教色彩和禅意。仪式开始时，众僧围坐一起，主事僧人或茶师按一定程序泡沏香茗以表敬意。随后进行茶事评论、诵佛论经等活动。其中最为著名的当数径山茶宴，其独特的礼仪程序对日本茶道产生了深远影响。

第五章　茶脉新陈：茶艺的传承与创新

> **知识链接**　以茶养廉

"以茶养廉"是中国古代的一种文化理念，起源于魏晋南北朝时期，兴盛于唐代。它倡导通过饮茶来培养清廉节俭的品德，反对奢靡浪费，尤其是与当时盛行的饮酒之风形成鲜明对比。"以茶养廉"的理念在现代社会依然具有现实意义。它提醒人们在物质丰富的时代保持清醒和自律，倡导清廉、节俭的生活方式，同时也体现了茶文化在精神层面的深远影响。

数字资源

## 第二节　创新茶艺：定义、内涵与发展方式

**知识导读**：茶艺是茶文化的外在表现形式，是茶文化能够为大家所接受和认识的最直接方式。自1999年，劳动部（今人力资源和社会保障部）正式将"茶艺师"列入《中华人民共和国职业分类大典》，并制定《茶艺师国家职业技能标准》。茶艺师需要在规定的时间、场合，用指定的茶叶、用水、器具，按照茶类特性科学冲泡，呈现茶汤，展示冲泡茶叶的基本功。

### 一、创新茶艺的定义和内涵

在新时代背景下，随着中国人民文化自信的提升以及国内外对中国优秀茶文化的关注，传统茶艺表演已难以满足现代年轻人和外国友人的多元化需求，"创新茶艺"这一概念应运而生。

#### （一）定义

创新茶艺是指在茶艺表演过程中，基于传统茶艺的深厚底蕴，结合现代审美、科技手段以及文化融合等元素而创造出的有时代特色与鲜活生命力的茶艺。它不仅仅是泡茶、品茶方式的革新，更是茶艺技能、艺术修养和审美情趣的综合展现。

### （二）内涵

#### 1. 打破传统局限

创新茶艺不再局限于传统的泡茶、品茶方法，而是勇于尝试新的表现形式，如将茶与其他饮品、食品相结合，创造出茶饮料、茶食品等新型产品。

#### 2. 注重个性化体验

创新茶艺强调消费者在品茶过程中的个性化体验，通过定制茶饮、茶艺体验活动等方式，满足不同人群的口味偏好和文化需求。

#### 3. 注重科技与茶艺融合

创新茶艺注重运用现代科技手段，如智能茶具、茶艺表演设备等，为消费者提供便捷、有趣的茶艺体验，使茶艺更加贴近现代人的生活节奏。

#### 4. 注重文化融合与创新

创新茶艺注重在传承中国传统茶文化的基础上，融入其他地域文化、现代艺术元素等，形成具有独特魅力的创新茶艺形式。

#### 5. 综合考察茶艺师素养

创新茶艺不仅要求考察茶艺师的泡茶技能，还注重其艺术修养、审美情趣以及创新能力等多方面的素质。

## 二、创新茶艺的发展方式

创新茶艺的核心要素是茶艺作品主题的原创性、思想的文化性，演绎者的个人修养以及对茶汤品质的调控能力。因此，我们可以从主题、技艺、形式三个方面入手，发展创新茶艺。

### （一）主题创新

一部茶艺作品，其灵魂与核心无疑在于主题。主题是茶艺作品的指南针，它引领着茶艺作品的方向，决定了茶艺作品想要传达的与茶紧密相关的思想和精神。通过深邃的思想和崇高的精神的传达，茶艺作品以茶为媒介，以茶为载体，不仅给人以视觉和味觉上的美的享受，更给人以心灵上的触动和思想上的启迪。因此，在构思和创作茶艺作品时，其构成要素，如茶具、茶席、服饰、音乐、动作等，都要紧紧围绕主题，与主题相呼应，形成一个和谐统一的整体。一旦立意有所创新，茶艺作品就会焕发出独特的魅力，其创新性也会凸显。

**1. 展示不同时代特征**

中华民族是一个拥有悠久历史和灿烂文化的民族，茶文化作为中华文化的重要组成部分，也经历了漫长的发展和演变。在不同的历史时期，茶文化呈现出不同的特点和风貌。因此，在茶艺作品中展示不同时代的茶文化特征，不仅是对历史的回顾和致敬，也是对文化的传承和发扬。比如，可以选取唐代煎茶法的优雅、宋代点茶法的精致、明清时期茶馆文化的繁荣等作为主题，在茶艺作品中再现这些历史时期的茶文化场景，让观众感受到茶文化的博大精深和历久弥新。同时，这样的主题创新也有助于激发观众对历史的兴趣和好奇心，促进他们对中国茶文化的深入了解和认识。

例如，某茶艺作品以"茶与宋代女词人李清照的故事"为主题，巧妙地将茶文化与历史人物相结合，讲述了李清照与茶的不解之缘。李清照，号易安居士，宋代著名的女词人，与金石考据学家赵明诚结为伉俪，共同编撰《金石录》，其创立的行茶令更是在宋代风靡一时。通过演绎李清照的一生，结合宋代独特的七汤点茶法，点出了"一杯清茶，百味人生"的深刻主题。该茶艺作品脉络清晰，既展现了李清照的故事，又呈现了茶艺师的精湛技艺，实现了内容与形式的完美统一。又如，某茶艺作品以"都市茶缘"为主题，通过现代简约的舞台设计，结合茶艺师的精湛技艺，展现了茶与都市生活的紧密联系，让观众在品味茶香的同时，感受到茶艺的现代魅力。此外，开放的展示方式能够高度还原真实的生活环境，使观众仿佛置身茶艺的世界，从而增强茶艺作品的吸引力和感染力。

**2. 符合时代价值观**

茶艺作品不仅是一种艺术表现形式，更是一种文化传承和弘扬的载体。因此，在选择作品主题时，应该充分考虑时代价值观的要求，使茶艺作品成为传递社会正能量、弘扬中国特色社会主义核心价值观的重要渠道。比如，可以选择反映国家发展、民族振兴、社会和谐等主题的作品，通过茶艺作品展现中国人民的爱国情怀、奋斗精神，彰显文化自信。这样的主题创新不仅能够使茶艺作品更加具有时代感和现实意义，也能够增强观众对茶艺作品的认同感和共鸣感。同时，通过茶艺作品传递正能量和中国特色社会主义核心价值观，也有助于引导观众树立正确的世界观、人生观和价值观，促进社会的和谐稳定和繁荣发展。

### 3. 体现地域、民族特色

中国是一个多民族国家，不同地域和不同少数民族地区都拥有独特的茶俗和茶文化。这些茶俗和茶文化不仅反映了不同地域和民族的历史文化传统，也体现了他们的生活方式和审美情趣。因此，在茶艺作品中体现地域、民族特色，不仅是对多元文化的尊重和包容，也是对茶文化多样性的展示和弘扬。可以选择具有代表性的地域或民族作为主题，通过茶艺作品展示他们的茶俗文化、茶艺技艺和茶道精神。这样的主题创新不仅能够使茶艺作品更加具有地域性和民族性特色，也能够让观众更加深入地了解和认识不同地域和民族的茶文化，促进文化的交流和融合。通过茶艺作品展示地域、民族特色，也有助于推动乡村振兴和民族和谐发展，为实现中华民族伟大复兴贡献力量。

## （二）技艺创新

技艺是创新茶艺的重要组成部分，它涵盖了泡茶技巧、茶具使用、茶席布置等多个层面。通过技艺的不断探索与革新，茶艺作品得以焕发新的生机，更加美观、新颖，从而深深吸引观众的目光。

### 1. 茶叶品种创新

随着现代茶学的飞速发展，新茶叶品种如雨后春笋般不断涌现。这些新品种不仅丰富了茶文化的内涵，也为茶艺作品创作提供了更多元化的选择。例如，在茶艺作品中，可以特别介绍并展示某种新培育的绿茶，强调其独特的香气和口感，以及冲泡时所需的特别技巧。或者，通过对比新旧茶叶品种的冲泡方式，让观众直观感受到茶文化的传承与创新。这样的展示不仅能让观众了解到茶文化的最新动态，还能激发他们对新茶叶品种的好奇心和探索欲。

### 2. 茶艺动作创新

在泡茶的过程中，每一个细微的动作都蕴含着深厚的文化内涵和审美价值。因此，动作设计的创新是茶艺作品中不可或缺的一环。例如，可以设计一套独特的洗杯手法，如采用旋转式或流水式洗杯，使动作更加流畅且富有节奏感。在揭盖时，也可以尝试不同的高度和旋转方向，以展现出优雅与从容。品茗时，更可以创新出别具一格的姿势，如轻轻托起茶杯，缓缓品尝，以表达对茶的敬重和珍视。这些创新的动作设计不仅能使茶艺表演更加具有观赏性，还能让观众感受到泡茶人的匠心独运。

比如，在某个茶艺作品中，茶艺师巧妙地结合新茶叶品种创新动作设计。他选择了一款新培育的乌龙茶，并设计了一套独特的冲泡动作。在洗杯时，他采用了流水式洗杯法，使水流在茶杯间穿梭流淌，宛如山间清泉。在冲泡过程中，他更是以轻盈的手法摇曳茶壶，使茶叶在水中翩翩起舞。这样的表演不仅充分展示了新茶叶品种的魅力，还让观众在欣赏中感受到了这位茶艺师的精湛技艺。

### 3. 茶具创新

茶具的选择和使用对于茶艺作品的呈现效果有着至关重要的影响。在探索创新茶艺的过程中，可以尝试使用不同材质、形状和功能的茶具进行表演，以创造出独特的茶艺作品效果。例如，可以选择一套精美的紫砂茶具，利用其独特的质地和色泽来增添表演的古朴与典雅。或者，使用一套现代感十足的玻璃茶具，让观众能够清晰地看到茶叶在冲泡过程中的变化，从而更加深入地了解茶的品质和特性。此外，还可以结合茶具的功能进行创新，如利用茶具的特定设计来展示某种泡茶技巧，使表演更加生动有趣。

例如，在某个茶艺作品中，茶艺师选择了一套精美的青花瓷茶具，并结合茶具的特点设计了一套独特的冲泡流程。在冲泡过程中，他巧妙地利用了茶具的盖碗和公道杯等功能部件，使茶汤的分配更加均匀且富有仪式感。同时，他还通过调整茶具的摆放位置和角度，营造出一种和谐而美观的茶席布局。这样的呈现方式能让观众在品味茶香的同时领略茶具的魅力和茶艺的精髓。

### （三）形式创新

形式创新是创新茶艺的外在表现，它如同一扇窗，让观众得以窥见创新茶艺的独特魅力。这涉及舞台布置、灯光音响、道具使用等多个方面，每一个细节都可能为茶艺作品增添无尽的魅力。

### 1. 利用灯光音响营造氛围

灯光和音响是舞台表演的重要元素，它们如同魔术师的手杖，能够瞬间改变整个表演的氛围。在以表演为主要呈现方式的茶艺作品中，灯光和音响是营造氛围的"利器"。例如，在一个以"月光下的茶艺"为主题的茶艺作品中，灯光师巧妙地用柔和的灯光模拟月光，营造出一种宁静而神秘的氛围。音响师则播放了轻柔的古筝曲，使观众仿佛置身于一个静谧的夜晚，与茶共舞。这样的灯光音响设计，增强了茶艺作品的感染力，让观众完全沉浸于茶艺的世界。

### 2. 借助道具和布景创造独特空间

道具和布景是茶艺作品中不可或缺的元素，它们如同画家的画笔，为茶艺作品增添无尽的色彩。例如，在一个以"四季茶韵"为主题的茶艺作品中，布景师巧妙地利用四季的元素进行布置。春季，他们以嫩绿的茶叶和绽放的花朵为点缀；夏季，以清凉的竹子和荷叶为背景；秋季，以金黄的落叶和丰收的果实为道具；冬季，则以雪白的纱幔和冰晶为装饰。同时，道具师也精心选择了与四季相匹配的茶具和茶席，使整个表演空间充满了季节的韵味。这样的道具和布景设计，不仅使表演更加生动和真实，还让观众感受到了四季的变幻和茶文化的博大精深。

### 3. 融合现代科技提升观赏体验

随着科技的发展，越来越多的现代科技手段被应用到茶艺作品中，为观众带来全新的观赏体验。例如，在一个以"未来茶艺"为主题的茶艺作品中，制作团队巧妙地利用了投影技术和虚拟现实技术。他们通过投影技术，在舞台上投射出流动的茶汤和变幻的茶山景象，使观众仿佛置身于一个梦幻的茶艺世界。同时，他们还提供了虚拟现实眼镜，让观众能够亲身体验泡茶的过程和茶文化的魅力。这样的现代科技手段的应用，不仅使茶艺作品更加现代化和具有科技感，还让观众在欣赏中感受到了茶文化的无限可能。

综上所述，创新茶艺对茶文化发展传承具有重要意义。在解决其发展问题时，我们应注重主题立意、茶品选择、布局设计、氛围营造、照明系统管理以及色彩搭配等方面的创新与和谐统一。通过自创茶艺作品并结合展览设计的艺术表现手法，我们可以为创新茶艺的发展提供有益的参考与借鉴，推动茶文化的深入发展与广泛传播。

## 第五章 茶脉新陈：茶艺的传承与创新

### 学习目标
1. 理解创新茶艺的定义、内涵及其在茶文化中的地位。
2. 掌握创新茶艺的方式。
3. 掌握创新茶艺作品的要素。

### 课堂讨论
1. 创新茶艺作品的核心价值是什么？
2. 如何理解茶艺解说词在创新茶艺作品中的作用？
3. 在创新茶艺中，如何平衡传统与现代元素？
4. 创新茶艺作品要素中，哪一项最为关键？为什么？

### 课后思考与作业
1. 列举几个你认为可以融入创新茶艺作品的现代科技手段，并说明其应用方式。
2. 分析一个具体的创新茶艺表演案例，指出其成功之处和可改进的地方。
3. 如果让你来设计一场创新茶艺表演，你会选择哪些设计要素来突出主题和烘托氛围？
4. 探讨创新茶艺在促进国际文化交流中的作用和意义。

# 第六章
## 茶韵创生:茶文创产品的多维探索

## 第一节 茶创解意：茶文创产品相关概念与价值意义

**知识导读**：茶文化源远流长，深厚的底蕴成为创意产品设计取之不尽的灵感源泉。在本节中，你会发现茶文化创意产品绝非普通物件，而是文化传承与创新的重要载体，它巧妙融合了传统与现代、艺术与实用，承载着情感与记忆。借助设计，茶文化以崭新的形式绽放魅力，拉近与人们之间的距离。

### 一、文创产品的概念

文创产品指以文化和创意为核心，结合艺术、科技等元素的商品或服务。文创产品通常依托文化资源，兼具独特性、艺术性、实用性和市场价值，涵盖设计、制造、营销等各个环节，能够传递和表达某种文化价值观念、历史记忆、审美理念等内涵。目前，文创产品正在成为文化传承和情感、理念表达的重要载体，并且随着技术的发展，文创行业正在实现变革升级，展现出个性化、定制化、数字化、体验式消费的趋势。

### 二、茶文创产品的概念

茶文创产品是指将茶文化的精髓、历史传承与现代审美、科技创新相结合，通过独特的设计理念、材料选择、制作工艺等手段，所创造出的既具有深厚文化底蕴又符合现代生活方式的茶相关产品。它并非传统的普通产品，而是融入了创意元素和传统文化元素的情感消费品。

从广义上说，茶文创产品包括一切与茶相关的人文方面的创新活动；从狭义上说，茶文创产品则具体指以茶为核心而展开的茶叶包装设计、茶具设计、茶艺表演、茶席设计、茶歌茶舞创作、茶类广告设计乃至新茶开发策划等各种有形的文化创新活动。

### 三、茶文创产品的价值

茶文创产品的价值可以细分为三个部分，即茶文化内容的价值、创意内容的价值，以及产品载体的价值。

首先，茶文化内容的价值是茶文创产品的核心，它涵盖了茶叶的种植、采摘、制作工艺、品鉴艺术以及与之相关的诗词歌赋、茶礼茶道、哲学思想等丰富多元的文化内涵。这些文化元素不仅可以赋予产品深厚的文化底蕴，也让消费者在体验产品的同时,能够感受到茶文化的独特魅力和精神追求,实现文化的传承与弘扬。

其次,创意内容的价值是茶文创产品区别于传统茶产品的关键。创意内容是指设计师或创意团队将茶文化与现代审美、科技手段、时尚元素等巧妙融合所创造出的既符合现代审美需求,又能体现茶文化精髓的独特产品。创意内容的价值,不仅在于其具有新颖性、独特性和吸引力,更在于它能够引起消费者的共鸣,满足他们对于美好生活的向往和追求,从而赋予产品更高的附加值和市场竞争力。

最后,产品载体的价值是茶文创实现商业化的重要基础。产品载体,即产品的实体形态,如茶具、茶包、茶点、茶周边商品等,其成本包括原材料采购、生产制造、包装设计、物流运输等多个环节。在保证产品质量和品质的前提下,合理控制成本,提高生产效率和资源利用率,是产品载体价值的重要体现。同时,产品载体的设计、材质、工艺等方面也直接影响着消费者的购买决策和使用体验,因此需要在成本控制与价值提升之间找到最佳平衡点。

## 四、开发茶文创产品的意义

### (一)促进文化传承与发展

茶文创产品是对中国传统茶文化的一种现代诠释和创新,可以将茶文化的精髓以更直观、更贴近现代审美的方式展现给大众,从而促进茶文化的传承与发展。同时,这些产品也融入了现代设计理念和科技元素,使传统文化在保留其核心价值的同时,焕发出新的生机与活力。

### (二)满足多元需求

随着人们生活水平的提高和消费观念的转变,消费者对产品的需求不再仅仅局限于实用性和功能性,更加注重产品的文化内涵和情感体验。茶文创产品正好满足了这一需求,它们不仅具有实用价值(如茶具、茶食品等),还蕴含着丰富的文化意义和情感价值,能够激发消费者的购买欲望和文化认同感。

### (三)促进产业升级

茶产业的转型升级是当前茶行业发展的重要趋势之一。茶文创产品的开发,有助于推动茶产业向高端化、品牌化、特色化方向发展。通过打造具有鲜明特色和高度识别度的文创产品,提升茶产业的附加值和市场竞争力,促进茶产业链的延伸和拓展。

茶文化与旅游的结合是当前文旅融合发展的重要方向之一。茶文创产品可以作为旅游纪念品出售给游客，这不仅有助于提升旅游体验的品质和深度，还能促进当地茶产业和旅游业的协同发展，提升相关产品的经济价值。

### （四）增强文化自信

在全球化背景下，文化软实力日益成为国家综合国力的重要组成部分。茶文创产品的开发和推广，有助于增强民族自豪感和文化自信。这些产品所蕴含的茶文化元素和美学理念，能够向世界展示中国文化的独特魅力和深厚底蕴，提升中国文化的国际影响力和传播力。

**知识链接** 文创产品、工艺品与旅游纪念品的对比

与文创产品概念类似的还有工艺品与旅游纪念品。工艺品，作为传统艺术与现代技艺的完美结合，是艺术家们运用多样材料、精湛工艺与深刻文化理解所创造的具有高度艺术价值与观赏性的手工作品。它们的诞生，历经选材、加工、成型、装饰等多个精心雕琢的环节，每一件都是独一无二的艺术佳作。旅游纪念品则是旅游活动中不可或缺的一部分，它们是游客在旅游过程中购买并带回的，具有纪念意义、文化内涵或地方特色的商品。这些商品不仅能够满足游客的购物需求，还能作为他们旅行经历的见证，具有独特的纪念价值（见图6-1、6-2）。

图6-1　旅游纪念品：冰箱贴　　图6-2　工艺品：熊猫刺绣摆件

表 6-1 总结了文创产品、工艺品与旅游纪念品的特点与用途。

**表 6-1　文创产品与工艺品、旅游纪念品的对比**

| 类型 | 特点 | 用途 |
| --- | --- | --- |
| 文创产品 | ①强调创意和文化内涵，通常基于某种文化主题、理念或元素进行创新设计和开发。<br>②注重文化的传播和表达，能够引发消费者对于特定文化的兴趣和思考。<br>③目标受众较为广泛，不仅针对游客，也面向对文化有追求和兴趣的各类人群。<br>④具有较强的时代感和时尚性，能够紧跟潮流和社会热点 | 主要用于文化传播、艺术欣赏和满足消费者的个性化需求，同时推动文化产业的发展 |
| 工艺品 | ①重点在于展现精湛的工艺技术和制作技巧，注重工艺的传承和发展。<br>②更注重产品的艺术性和审美价值，强调手工技艺的精湛程度。<br>③更注重体现传统的风格和样式，变化较为缓慢 | 主要用于艺术欣赏、收藏和装饰，是文化传承和艺术表现的重要载体 |
| 旅游纪念品 | ①让游客能够通过购买纪念品来纪念旅行经历和地点。<br>②通常具有鲜明的地域特色，与特定的旅游目的地紧密相关。<br>③更侧重于满足游客的纪念需求和情感寄托，在设计和功能上相对较为单一 | 主要用于纪念旅游经历、赠送亲友或作为收藏品，同时也是旅游地文化传播和形象展示的重要途径 |

伴随旅游业的迅猛发展以及文化创意产业的兴起，文创产品、工艺产品与旅游纪念品之间的产业联动日益紧密。一方面，文创产品和工艺产品的创新设计能够为旅游纪念品赋予新的创意源泉和产品设计构想；另一方面，旅游纪念品市场的拓展也为文创产品和工艺产品的销售开辟了更为广阔的空间。此外，三者还能够通过跨界合作、品牌联名等形式达成资源共享以及优势互补。

## 第二节　茶创品列：茶文创产品的分类

**知识导读**：从传统的茶具、茶叶包装，到现代的茶饮品、茶主题艺术品，再到结合现代科技的智能茶具、茶文化 App 等，茶文创产品正以不同的形式、材质、功能和技术手段，不断拓宽茶文化的边界，让茶文化以更加生动、直观、便捷的方式走进人们的日常生活。

文创产品因其多样性和丰富性，可以从多个维度进行分类。针对茶文创产品的独特之处，依据其性质与功能，将其细分为三大类：实物产品、数字化产品以及文化活动。实物产品涵盖了以茶文化为主题或灵感来源的实体商品，如文创茶具、文创茶道用品、茶文化衍生品等；数字化产品则利用现代科技手段，如虚拟现实、数字艺术等，呈现茶文化的魅力，如茶文化 App、茶主题电子游戏等；而文化活动则是指围绕茶文化展开的各类表演、体验活动及展会，旨在增强公众对茶文化的认知与体验。

### 一、实物产品

#### （一）文创茶具

在品茗的雅致仪式中，茶具扮演着举足轻重的角色，它们不仅是物理上承载茶汤的器皿，更是茶文化深厚底蕴与美学追求的集中体现。茶具的文创设计需要深入挖掘传统文化元素、结合现代设计理念、注重实用性与艺术性的平衡、融入现代生活方式，并不断探索新的设计思路和方法。

数字资源

文创茶具的主题可以从历史上的文化名人着手，将经典诗句、文人墨宝的意境融入茶具设计中，或者以他们的生平故事、雅号等作为设计灵感。例如，苏州博物馆的文创茶具"衡山杯"就是以文徵明的生平为灵感来源而设计的。文徵明是苏州人，号衡山居士，以卓越的书画艺术成就闻名于世。他一生爱茶痴茶，人生境界淡雅如茶。为纪念文徵明，苏州博物馆设计了这款产品。衡山杯选用温润如玉的天青色汝瓷精心制作而成，这种瓷器土质细腻、胎骨坚硬、釉色润泽。釉中含有玛瑙末，呈现出特殊色泽，被誉为"雨过天青云破处"，彰显了匠人的高超技艺和审美追求。"衡山"印章图案被设计在杯底，整个杯子造型宛如一枚印章，杯盖垫于底部时就像一个印盒（见图 6-3）。其产品宣传语选取自唐代诗人白居易的《山泉煎茶有怀》："坐酌泠泠水，看煎瑟瑟尘。无由持一碗，寄与爱茶人。"[①]

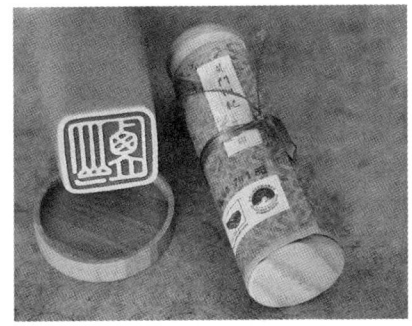

图 6-3　衡山杯

此外，传统文化中吉祥元素也经常被应用在文创茶具的造型设计中，如市面上出现的橘子、柿子和竹节造型的文创茶壶，橘子寓意"大吉大利"，柿子寓意"事事如意"，竹节则寓意"节节高升，生生不息"，它们不仅为文创茶壶增添了独特的艺术魅力，更传递着人们对美好生活的向往和追求（见图6-4）。

图 6-4　吉祥元素的文创茶壶

文创茶具还可以和其他IP（Intellectual Property，知识产权）相结合，如三星堆主题文创茶具采用了三星堆青铜面具造型，尺寸小巧，通过嵌套式设计科学利用空间，既方便出行携带，也体现了鲜明的三星堆IP特点（见图6-5）。

图 6-5　三星堆主题文创茶具

---

[①]　搜狐新闻. 苏州博物馆的文创"显眼包"从抖音电商"火"进日常生活[EB/OL].（2024-05-22）[2024-12-12]. https://www.sohu.com/a/780621686_121956112.

在材料上，不少文创茶具已经开始使用新型材料（如环保陶瓷、不锈钢与木材的结合等）和先进工艺（如 3D 打印、激光雕刻等），为茶具设计增添现代感和科技感。同时，还可以依据流行文化中的色彩和风格趋势，挑选适宜的色彩搭配及运用方式，对不同领域的元素进行跨界融合，从而创造出新颖独特的茶具作品（见图 6-6）。

图 6-6　学生创意作品展示（AI 辅助绘图）

## （二）文创茶道用品

文创茶道用品涵盖茶艺"六君子"（即茶筒、茶勺、茶匙、茶针和茶漏）、香炉、茶宠、茶席、茶巾、茶罐等，在茶道表演及日常品茶中发挥着点缀与辅助之效，极大地提升了品茶的仪式感与文化氛围。针对文创茶道用品的设计，应着重关注与使用者的情感共鸣，借助产品的造型、色彩、材质等要素传达特定的情感和价值观念。另外，还可考虑引入个性化与定制化的设计理念，为消费者打造独一无二的文创茶道用品，以满足其个性化需求。

**知识链接**　茶文创产品的包装与传统茶产品包装之对比

茶产品包装是一项综合性较强的设计，不仅涵盖了茶叶本身的包装，还广泛延伸至茶食品、茶饮料等多种茶类衍生物的包装设计中，旨在通过独特的视觉表达与创意构思，赋予茶产品及其衍生物更加丰富的文化内涵与审美价值，提升消费者的文化体验与品牌认同感。茶文创产品包装与传统茶产品包装的对比具体见表 6-2。

## 第六章 茶韵创生：茶文创产品的多维探索

**表 6-2　茶文创产品包装与传统茶产品包装对比**

| | 茶文创产品包装 | 传统包装 |
|---|---|---|
| 设计理念 | 更注重文化内涵和创意表达，强调将文化元素与现代设计理念相结合，强调故事性和文化传承，使包装本身成为一种具有文化内涵和艺术价值的作品 | 遵循经典的设计风格和元素，更多地关注包装的基本功能，如保护商品、方便储运等，注重实用性和稳定性 |
| 设计元素 | 更加多样化，包括传统文化元素、现代艺术元素、地方特色元素等。注重创新与个性化，追求独特的视觉效果和用户体验 | 相对单一，通常以茶叶的品种、产地、品牌等为主 |
| 包装形式 | 多样化，注重形式美感和创意性 | 相对固定，通常以普通罐装和袋装为主 |
| 环保理念 | 更加注重环保和可持续性，采用可降解、可回收的环保材料，减少对环境的污染。还倡导简约包装风格，减少不必要的包装层次和装饰 | 更侧重于材料的装饰性，有时会忽略环境友好性和成本效益。随着人们环保意识的提高，越来越多的传统包装设计也开始注重环保和可持续性 |
| 市场定位 | 较为清晰，能够明确地根据不同的消费群体进行差异化设计，满足多样化的需求 | 相对较为广泛，缺乏有针对性的消费者分层策略 |
| 传播效果 | 通过独特的设计语言和故事背景，可以有效促进品牌与产品的市场认知，增强文化传播力 | 虽然体现了一定的文化性，但可能在品牌传播上不如文创设计引人注目 |

苏州博物馆的唐寅创意茶和锦绣江南芬享茶包装是茶文创产品包装的杰出代表。唐寅创意茶的包装尺寸约为 13.5 厘米 ×9.5 厘米 ×7.5 厘米，以有趣的方式呈现了江南名士唐寅的形象，茶袋上的唐伯虎卡通形象标签，妙趣横生，随礼盒还附赠《唐伯虎小传》，使消费者在品味茶韵的同时，能够跨越时空，感受"文人雅集，醉卧风流"的意趣[①]。而锦绣江南芬享茶则将馆藏花卉图样覆盖于复古手提箱与优雅苏绣手包造型之上，十件不同的精致苏绣纹样手包搭配对应图案的文物介绍卡。包装盒则采用可拆卸挡板设计，后续可作为收纳盒继续使用（见图6-7）。

---

① 搜狐新闻. 故宫文创有对手啦！这家博物馆不仅有让人想"泡"的唐伯虎，还有《延禧攻略》同款 [EB/OL]. (2019-04-18)[2024-12-12]. https://www.sohu.com/a/308865422_807080.

唐寅创意茶泡袋

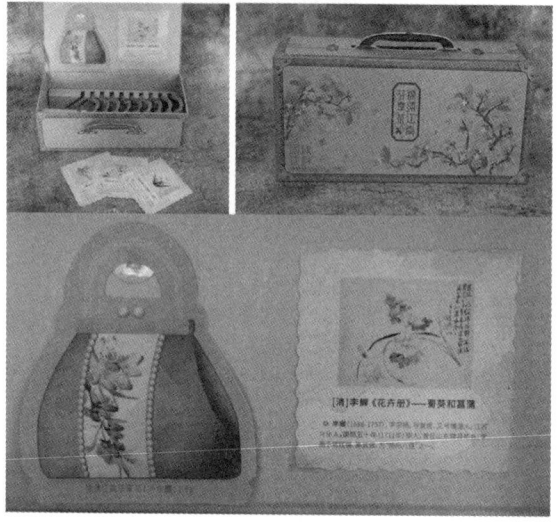

锦绣江南芬享茶

图 6-7 苏州博物馆茶文创产品

除了挖掘文化资源，品牌与 IP 联名也是文创包装中常用的手法。例如，2022 年国内收藏玩具品牌 52TOYS 与奈雪的茶推出联名茶饮新品"熊猫榛香可可宝藏茶"。该产品以 52TOYS 原创 IP——Panda Roll 为设计原型，在杯套、吸管套、纸袋等包装上进行专属设计，推出了 Panda Roll 系列衍生品，如书签、毛毡包等，并于多地设立 IP 主题门店。将"熊猫"与"茶"两种具有代表性的中国文化符号相融合，吸引了众多消费者。①

茶叶礼盒一般包含多种茶叶或与茶相关的产品，不仅满足了人们对茶叶品质的追求，还赋予了茶叶更多的文化内涵和礼品属性。礼盒包装的设计能够很好地保护茶叶，同时提升茶叶的档次和价值感，精准契合节日庆典、商务赠送及亲友聚会等多种场合的需求（见图 6-8）。

---

① 北京晚报官网官方账号."熊猫"遇上"茶"，收藏玩具品牌 52TOYS 联名奈雪，五地设 IP 主题门店 [EB/OL]. (2022-11-02) [2024-12-12]. https://baijiahao.baidu.com/s?id=17483 68135156633278&wfr=spider&for=pc.

第六章 茶韵创生：茶文创产品的多维探索

数字资源

还有一些茶文创包装设计因针对年轻群体，更加注重趣味性，如扭蛋机包装、积木包装、动物包装、盲盒包装等（见图6-9）。这些有创意的茶叶包装设计，不仅让茶叶产品在众多商品中脱颖而出，还为消费者带来了全新的购物体验和乐趣，使茶叶消费不再仅仅是一种传统的购物行为，更是一种充满趣味和惊喜的探索之旅。

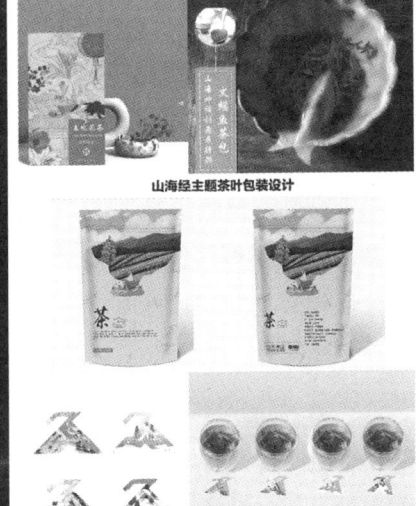

图6-8 茶叶礼盒　　　　图6-9 茶文创产品包装设计方案（学生作品）

## （三）茶文化衍生品

### 1．茶文化出版物

茶文化出版物包含茶文化书籍，茶主题邮票、明信片等。

1996年，澳门发行了一套以"中国传统茶楼"为主题的邮票，以四连印的格式，描画了一间茶楼大厅"赏鸟""戏童""卖报""品茗"的四种景象（见图6-10）。

1997年，澳门又发行了名为"幸运数字"的邮票。该邮票的主图为"茶肆"，设计者用一组寓意吉祥的幸运数字串联成对联，上联是"八四九八一六八"，下联是"三二二八八六三"，是以粤语谐音即可念为"发市久发一路发，生意易发发路生"。横批是"三二二八，谐音为"生意易发"，可见其构思之巧，韵味十足（见图6-11）。

图6-10 "中国传统茶楼"邮票

图6-11 "幸运数字"邮票

### 2. 潮流文创产品

潮流文创产品是指基于流行文化、潮流元素或热门IP所创作和衍生出来的一系列产品，反映了当下年轻人的价值观、生活方式和审美观念。这一类型主要包括玩具及模型其他周边商品。例如，Ruby茶仙坊系列盲盒通过盲盒形式将茶文化以年轻化的方式呈现，深受消费者喜爱。每款盲盒内包含随机的茶具或茶文化相关小物件，其设计灵感源自特定茶叶种类，旨在展现茶文化的多样魅力。

### 3. 生活美学产品

生活美学产品指包含融合了美学理念、设计创意和生活实用性，能够提升人们生活品质、满足人们对美好生活追求的物品，涵盖了家具、灯具、餐具、家纺、装饰品、饰品、美妆产品、文具等方面。与茶相关的生活美学产品通过融合传统文化、现代设计与实用功能，将饮茶从单纯的日常行为升华为一种艺术化的生活方式，如万仟堂的宋代雅器、茶荟的山水茶桌、小罐茶的文化礼盒等。

### 4. 其他相关产品

其他产品包含针对特定茶主题活动或展会所设计的文创产品，如展会纪念品、活动商品等，也涵盖企业为提升品牌形象或推广企业文化而设计的茶主题文创产品，诸如定制礼盒、定制徽章以及纪念品等。此外，茶叶还可以制作食品、饮料、美容产品等，这些产品是否属于文创产品，则取决于它们是否融入文化创意元素并体现茶文化的精髓（见图6-12）。

第六章 茶韵创生：茶文创产品的多维探索

图 6-12 学生作品展示

## 二、数字化产品

与茶相关的数字化产品包括茶叶与茶品牌 IP 设计、茶电影动漫、茶文化 App、茶主题电子游戏、数字化茶文化体验平台、数字艺术品等。相比传统的茶文化传播方式，数字化产品更强调用户的参与和互动。无论是通过 App 进行茶艺学习、茶友交流，还是在数字化平台上体验制茶过程、参与茶文化游戏，用户都能获得更加个性化、沉浸式的体验，增强了茶文化的吸引力和传播效果。

例如，《龙井问茶》是由西湖旅游联合浙江文化产权交易

数字资源

所推出的系列数字文创产品。其背景是春雨滴进西湖的涟漪，主体为翠绿的西湖龙井茶逐渐变为金黄色，体现了西湖龙井的珍贵。该数字化产品发行价为39.9元，持有者还有机会在西湖边免费品尝明前龙井春茶，或获得相关实体福利。①

## 三、文化活动

### （一）茶艺表演

茶艺表演是与茶相关的文化活动方式的一种。茶艺师通过艺术化的表现，将茶叶的选取、水质的讲究、器具的选用、水温的掌控以及冲泡时机的把握等环节一一呈现，不仅要求表演者具备专业的泡茶技艺，还需要在表演中融入音乐、书法、绘画、服饰、发型、礼仪等多方面的艺术构思。

在实践中，茶艺表演已经开始注重跨界合作，拓宽茶艺表演的表现形式和内涵。例如，一些茶艺表演将茶艺与古典音乐、诗词朗诵等相结合，通过音乐的旋律和诗词的意境来烘托茶艺的氛围；还有些茶艺表演则借鉴了现代舞蹈和戏剧的元素，通过舞者的动作和表情来传达茶艺的情感和韵味。但无论采用哪种形式，茶艺表演都需要有明确的主题设计，围绕主题展开表演内容和形式的设计，使表演具有针对性和深度。

### （二）茶文化体验活动

茶艺表演强调观赏性，而茶文化体验活动则强调体验感。常见的茶文化体验活动包括茶文化研学、茶旅融合、茶艺学习、茶叶采摘和加工、茶器制作等。

其中，茶文化研学是近年来越来越受欢迎的一种教育活动。通过实地考察茶园、学习茶叶的种植与制作过程，参与者可以亲身体验从采摘到制茶的茶叶生产全过程，深入了解茶的生长环境及农耕文化，从而更加尊重自然、珍惜劳动成果。

---

① 杭州市人民政府.《龙井问茶》系列数字文创全新上线[EB/OL].(2023-03-21)[2024-12-12]. https://www.hangzhou.gov.cn/art/2023/3/21/art_812268_59076857.html.

## （三）茶文化展会

茶展会是茶文化领域内集展示、交流、销售于一体的综合性活动。不仅为茶企提供了展示品牌、推广产品的平台，更为茶文化爱好者搭建了一道相互学习、交流心得的桥梁。

> **知识链接** IP 是什么？

IP 是 Intellectual Property 的缩写，即知识产权。在当今的文化和商业领域，IP 有以下几种主要含义：

### 一、法律意义上的知识产权

从传统法律角度看，IP 包括专利权、商标权和著作权等。

专利权：主要是针对发明创造，给予发明者在一定期限内对其发明的独占权，防止他人未经许可制造、使用、销售或进口该发明。

商标权：用于区分不同商品或服务来源的标志，由文字、图形、字母、数字、三维标志、颜色组合和声音等，以及上述要素的组合构成。

著作权：也称版权，主要保护文学、艺术和科学作品的创作者对其作品享有的权利，包括复制权、发行权、出租权、展览权、表演权、放映权、广播权、信息网络传播权等。

### 二、文化创意产业中的 IP 概念

在文化创意产业中，IP 的含义更加广泛和多元化，主要有以下特点。

具有独特的内容价值：一个好的 IP 通常具有引人入胜的故事。这种故事性能够吸引读者或观众，让他们沉浸在特定的文化情境中，产生情感共鸣，同时 IP 还承载着丰富的文化内涵，能够传递特定的价值观、审美观念和生活方式。独特的艺术风格也是 IP 的重要特征之一。

具有较强的可扩展性：优秀的 IP 可以在不同的媒介平台上进行传播和衍生，如从文学作品改编成电影、电视剧、动画、游戏等，或者从影视作品衍生出周边产品、主题公园、线下体验活动等。除了跨媒介传播，IP 还可以进行多元化的产品开发。这些产品可以通过统一的品牌形象和设计风格，形成品牌联动效应，提升品牌的知名度和美誉度。同时，多元化的产品开发也可以降低企业的经营风险，提高市场竞争力。

具有粉丝基础和商业价值：一个成功的 IP 往往拥有大量的粉丝群体，这些

粉丝对 IP 具有高度的认同感和忠诚度，愿意为 IP 相关的产品和服务付费。例如，一些热门的动漫 IP，拥有庞大的粉丝群体，他们会购买相关的漫画书、动画 DVD、周边产品等，甚至会参加动漫主题的展览、活动等。由于 IP 具有独特的内容价值、可扩展性和粉丝基础，因此具有很高的商业价值。企业可以通过购买、授权或自行开发 IP，进行产品创新和品牌建设，提高市场竞争力和盈利能力。

> **知识链接** 什么是研学？

研学，即研究性学习（Research-based Learning），是一种以学生为主体，以问题为导向，通过自主探究、合作交流和实践操作等方式，促进学生主动获取知识、发展能力、培养创新精神和实践能力的教育方式。研学有如下特点。

问题导向：研学通常围绕一个或一系列问题展开，这些问题可以由学生自己提出，也可以由教师根据教学目标设定。

主动探究：学生在研学过程中需要主动寻找信息、分析数据、提出假设并进行验证。

跨学科学习：研学往往不局限于单一学科，而是鼓励学生将不同学科的知识综合运用，以解决实际问题。

实践操作：研学强调动手实践，学生通过实验、制作、调查等活动来加深理解。

合作学习：学生通常需要在小组内合作，共同完成研究任务，这有助于培养团队协作和沟通能力。

反思性学习：研学过程中，学生需要对自己的学习过程和结果进行反思，以促进深度学习和持续改进。

成果展示：研学活动往往要求学生将研究成果以报告、展示、论文等形式展现出来，这有助于巩固学习成果并进行交流分享。

## 第三节　茶创序则：茶文创产品设计流程、方法与原则

**知识导读**：本节中，我们将学习茶文创产品设计的流程、方法与原则。在全面梳理茶文创产品设计流程的基础上，解析多种行之有效的设计方法，如故事性设计、解构与重组、象征、隐喻等，并总结茶文创产品的设计原则。

### 一、茶文创产品设计流程

茶文创产品的设计是一个融合文化传承、创意构思、市场需求与技术实现于一体的过程。在整个设计流程中，设计团队、市场专家、材料供应商和生产团队等需要紧密合作，以确保茶文创产品在设计、生产、营销和售后服务等各个环节的高效协同，从而打造出既符合市场需求又具有文化特色的文创产品。同时，要注重对茶文化内涵的深入挖掘和创新表达，使产品不仅具有实用价值，还能传递丰富的文化信息。

不同类型的茶文创产品可能会在具体的设计过程中有所侧重，例如，实体产品可能更注重材料和制作工艺，数字化产品则更关注技术实现和用户交互体验等。但总体上都需要遵循以下基本流程来进行设计。

#### （一）市场调研与用户分析

首先，明确产品的目标消费群体，了解其年龄、性别、职业、兴趣爱好等方面的特征。然后，研究市场上已有的茶文创产品，分析其优缺点，找出市场缺口和差异化机会。最后，通过问卷调查、访谈、社交媒体监听等方式，收集目标用户对茶文创产品的具体需求和期望。

#### （二）文化挖掘及创意构思

首先，深入学习有关茶文化的历史、传统、制作工艺、品鉴方法等方面的知识，挖掘茶文化的独特魅力和价值。然后，基于市场调研和用户分析结果，构思产品的大致概念和创意，确定产品的用途、外观、材料、功能，并思考如何将茶文化元素巧妙地融入产品中。这个阶段可以通过头脑风暴、故事板制作等方式，初步绘制草图。最后，对收集到的创意点子进行筛选，选出符合市场需求、具有创新性和可行性的方案进一步开发。

### （三）设计概念与草图绘制

根据选定的创意方案，明确产品的设计概念，包括设计风格、功能定位等。通过手绘或设计软件绘制产品的草图，包括产品的外观、结构、细节等方面。草图应尽可能详细，以便后续的制作和修改。

随着人工智能（Artificial Intelligence，AI）技术的飞跃，非专业的设计者也能借助 AI 软件进行草图绘制。设计者仅需输入关键词或简短描述，AI 软件即可迅速生成相关设计概念。同时，AI 能精准识别手绘草图，并将其无缝转化为高质量的数字化设计元素。此外，AI 软件支持快速迭代设计，设计者可迅速生成多个草图方案，并依赖 AI 软件的实时反馈功能进行高效筛选与优化。一旦选定最佳方案，设计者即可专注于细节深化与原型制作，加速产品从概念到实现的进程（见图 6-13）。

图 6-13　基于 AI 软件生成的草图

### （四）产品原型制作与测试

草图确定后便可制作产品原型，并通过使用 3D 打印机或电子设计文件等方式。邀请潜在用户进行产品测试，收集他们的反馈意见，根据测试结果对设计进行调整和优化，以检验设计的可行性和用户体验是否符合预期（见图 6-14）。

图 6-14　通过 3D 打印机进行产品原型制作

### （五）材料选择与设计方案定稿

根据产品概念和设计需求，选择合适的材料，需考虑材料的质感、耐用性、成本效益等因素，同时确保材料的选择与产品概念和用户体验相一致。完成所有设计修改后，确定产品的最终设计方案，并制作详细的设计图纸和说明文档（见图6-15）。

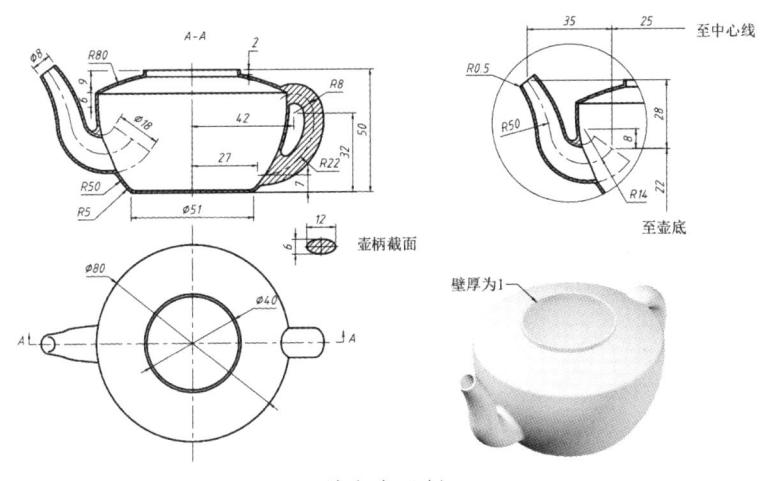

图6-15 设计方案示例

### （六）生产

产品设计定稿并经过测试优化后便可进入生产阶段。此环节需要实施严格的质量控制措施，制订生产计划（包括生产周期、产能和成本预算等），确保每件产品都能达到设计标准。同时，需注重生产过程的效率和可持续性，尽量减少生产对环境的影响。

### （七）营销

茶文创产品上市后，可通过以下方式开展营销工作。

品牌塑造与传播：从品牌故事、理念及形象等方面着力塑造，以提升茶文创产品的品牌知名度与美誉度。充分利用社交媒体、短视频平台等新媒体渠道进行品牌传播，吸引更多潜在消费者。

线上线下结合：整合线上电商平台与线下实体店的优势，开展多渠道营销。线上借助直播带货、社交媒体营销等方式提高产品曝光度；线下通过举办茶文化体验活动、茶博会等增强消费者的体验感与互动性。

跨界合作与联名：与其他品牌或文化 IP 开展跨界合作或推出联名产品，共同打造限量版或定制版茶文创产品，吸引更多粉丝及消费者的关注。

定制化服务：提供个性化定制服务，满足消费者对茶文创产品的独特需求，如定制茶具、茶礼盒等，提升产品附加值与吸引力。

建立客户数据库：收集并分析客户信息，建立客户数据库，为后续的客户关系管理和维护提供数据支持。

提供优质服务：在售前、售中、售后等各个环节提供优质服务，增强客户满意度和忠诚度。例如，为客户提供专业的茶艺咨询、快速响应客户需求等。

建立会员制度：通过会员制度吸引消费者成为长期客户，并提供会员专属优惠和服务。例如，积分兑换、会员日特惠等。

以 CHALI 茶里（简称茶里）品牌的营销为例，首先它与多个跨界领域品牌进行联名合作，随后基于各产品的独特属性，精准匹配明星大使，强化品牌形象与产品特性的关联度。在数字化营销层面，茶里巧妙运用视频号与小程序商城的联动机制，构建起高效的流量闭环。通过在哔哩哔哩网站、小红书等热门社交平台，携手关键意见引领者（KOL）策划系列内容，如分享悠闲的品茶时光、举办茶话会并拍摄闺蜜美照，生动展现产品融入日常生活的美好场景，有效触动消费者的情感共鸣与购买欲望。同时，利用待解锁红包等互动玩法，在小程序商城内培养用户的购物黏性，显著提升活动参与度和复购率。此外，茶里还致力线下体验的打造，举办沉浸式艺术影像展，让消费者在直观体验中深刻感受产品的魅力，进一步增强品牌认知度与好感度。这一举措不仅丰富了品牌故事的讲述方式，还通过线下体验的精彩瞬间激发用户的线上分享欲望，形成线上线下联动的私域流量循环，有效促进了品牌口碑的广泛传播与影响力的持续扩大。[①]

### （八）收集反馈与持续改进

产品推向市场后，需要持续收集用户反馈和市场反应。通过各种渠道收集用户的意见和建议，据此不断改进产品设计，提升用户体验，并根据市场需求和反馈信息，推出新的产品线或对现有产品进行迭代升级。

---

① 中国经济新闻网．朋友圈+小程序商城，CHALI 茶里携手微盟构建全链路营销闭环 [EB/OL]．(2021-01-26)[2024-12-12]．https://www.cet.com.cn/wzsy/cyzx/2766210.shtml.

## 二、茶文创产品设计方法

### （一）故事性设计

故事性设计指设计师在创作中将故事、情感或理念融入作品，使其具有叙事性和情感共鸣力。这种方法超越了传统设计的单纯形式与功能，创作出来的作品更能激发观者的想象与共鸣。在故事性设计中，故事不一定是一个完整的长篇叙述，也可以是一个寓意深远的符号、一个触动心灵的场景片段，或是一段能够激发联想的简短文字。[①] 这些元素共同作用于设计中，引导观者主动构建自己的故事线，从而在心中留下深刻印象。设计师运用故事性设计时，需要巧妙地将品牌故事、文化背景或个人情感融入作品之中，使设计不仅具有视觉上的吸引力，更富含深层的情感价值和意义。这种设计方式有助于塑造品牌的独特个性，增强品牌的识别度和记忆点，同时也满足现代消费者对于情感共鸣和个性化表达的需求。

### （二）解构与重组

解构与重组是有效的文创产品设计方法，通过对已有文化元素或设计对象的形态进行深入分析和拆解，再将这些元素以新的方式重新组合，创造出具有独特魅力和文化内涵的文创产品。解构为重组提供了丰富的素材和灵感来源，而重组则是解构目的的实现和升华，它们为文创产品设计提供了源源不断的灵感。

#### 1. 解构

解构通常指的是对已有设计元素、结构或系统的深入分析、拆解，以理解其内部组成、工作原理、符号意义以及潜在的问题或可能性。这一过程不仅限于形式上的拆解，更包括对设计理念、文化内涵和审美价值的深刻剖析。在设计中，解构帮助设计师打破常规思维，从不同角度审视设计对象，发现其潜在的创新点和改进空间。

在进行文创产品设计时，可参考表6-3进行解构。

---

① 唐纳德·A. 诺曼. 设计心理学 [M]. 梅琼译，北京，中信出版社，2010.

表 6-3　解构流程

| 流程 | 方法 |
| --- | --- |
| 元素分析 | 将设计对象（如产品、界面、图形等）分解为基本的组成元素，如形状、色彩、材质、纹理、布局等 |
| 结构拆解 | 进一步拆解设计对象的结构，理解其内部构造、层次关系和相互作用 |
| 意义挖掘 | 深入挖掘设计对象背后的文化内涵、设计理念和审美价值，理解其传达的信息和情感 |
| 信息整理 | 将解构过程中获得的信息进行整理，形成清晰的思维导图或笔记，以便于后续的重组工作 |

2. 重组

重组是在解构的基础上，将设计元素、结构或系统按照新的逻辑和规则进行重新组合、排列和调整，以创造出新的设计方案或产品。这一过程强调创新性和个性化，旨在通过重新组合现有元素来产生新的视觉效果和情感体验。具体策略见表6-4。

表 6-4　重组策略

| 策略 | 方法 | 特征 |
| --- | --- | --- |
| 直接重组 | 将拆解后的形态元素直接以新的方式组合在一起，形成新的图案、形状或布局 | 这种策略注重元素之间的直接联系和整体协调性。 |
| 变形重组 | 对拆解后的形态元素进行变形处理，如拉伸、扭曲、缩放等，然后再进行重组 | 这种策略可以创造出更具动感和视觉冲击力的设计作品。 |
| 材质转换 | 在保持形态元素基本结构不变的情况下，改变其材质或表面处理方式，赋予新的质感和视觉效果 | 注重环保和可持续性 |
| 文化融合 | 将不同文化背景下的形态元素进行融合重组，创造出具有跨文化特色的文创产品 | 有助于促进文化交流和理解 |

（三）象征

象征是用一种具体的事物来代表或暗示另一种抽象的事物、观念或情感。它通过特定的形象、符号或图案来传达特定的意义，具有普遍性、稳定性和约定俗成性。例如，莲花象征纯洁高雅，山水象征自然和谐，竹子象征坚韧不拔等。

## （四）隐喻

隐喻是一种隐含的比较，通过将一种事物与另一种事物进行类比，来传达特定的意义或情感。它不像象征那样直接，而是通过暗示和联想来引发人们的思考和感受。隐喻手法可以通过形态模仿、功能转换、色彩暗示等方式来实现。例如，将茶具设计成竹节形状，既模仿了竹子的自然形态，又隐喻了其坚韧不拔的精神品质。

## 三、茶文创产品的设计原则

### （一）文化内涵和创意的结合

茶文创产品应深入挖掘茶文化的历史底蕴、传统工艺、民俗风情等，将茶文化的精髓融入设计中。这不仅能够提升产品的文化价值，还能让消费者在品茶的同时，感受到茶文化的独特魅力。同时还要注重创新元素的融入，通过独特的创意和寓意，使茶文创产品具有鲜明的个性特征。

### （二）实用性与艺术性的结合

茶文创产品首先要满足消费者的使用需求，确保产品在使用过程中能够带来良好的体验，注重产品的实用性和功能性。同时，茶文创产品还应追求艺术美感，通过精美的造型、优雅的线条、和谐的色彩搭配等，营造出一种独特的审美氛围。这种艺术美感不仅能够提升产品的档次和品质，还能让消费者在使用过程中感受到美的愉悦。

### （三）环保与可持续发展的考虑

在茶文创产品的设计中，应优先考虑使用环保材料，如可回收、可降解的材料等。这不仅能够减少对环境的影响，还能体现企业对社会责任的勇于担当。同时，在生产过程中也要注重节能减排，采用低碳、环保的生产工艺和技术手段，降低产品的能耗和排放。

### （四）个性化与差异化的设计

随着消费者需求的日益多样化，茶文创产品也应注重个性化设计。通过定制服务、季节性产品、限量版产品等方式，满足消费者对独特性和专属性的追求。在市场竞争中，茶文创产品应通过差异化设计来区分于同类产品。这包括独特的设计理念、创新的产品形态、丰富的文化内涵等方面。通过差异化竞争，提升产品的市场竞争力和品牌影响力。

### （五）互动与体验的设计

茶文创产品的设计应注重与消费者的互动体验，可以通过设计一些有趣的互动环节或互动元素，让消费者在品茶的过程中感受到更多的乐趣和惊喜。同时，还要注重提升产品的整体体验感。从产品的包装、开箱到使用过程中的每一个环节都要精心设计，确保消费者能够获得愉悦体验。

### 知识链接 什么是头脑风暴和故事板？

#### （一）头脑风暴

头脑风暴是一种激发团队创新思维和创造力的方法，它鼓励成员们围绕特定主题或问题，在规定的时间内自由发表意见、提出设想，不拘泥于现实可行性，旨在产生尽可能多的新想法和解决方案。头脑风暴法主要分为一般头脑风暴和逆向头脑风暴（或称质疑头脑风暴），前者侧重于直接生成创意，后者则通过提出潜在问题来刺激更深入的思考。此外，思维导图法也是头脑风暴的一种可视化形式，它将思维过程以图形化的方式呈现，帮助整理和组织想法。无论是哪种形式，头脑风暴的核心都在于促进团队成员之间的自由交流和思想碰撞，从而激发新的创意和灵感，为问题解决和创意创新提供有力支持。

#### （二）故事板

故事板指一系列插图排列在一起组成的可视化故事，最早用于动画行业用户体验场景的设计中，以更加直观地体现用户和产品使用情景，更好地反映使用者和产品之间的交互关系，帮助设计师与整个团队对产品做出更好的设想与规划。

故事板的核心四要素包括：角色（人）、产品（物）、环境以及事件/行为（交互）。角色（人）代表目标用户或潜在用户，他们具有特定的身份、背景和需求。这些角色成为故事的主角,他们的行为和体验是设计团队关注的焦点。产品(物)则是故事中的关键元素,设计团队将其置于特定情境中,展示其功能、特点以及与用户的交互方式。产品不仅是故事的背景,更是解决用户问题、满足用户需求的工具。环境构成了故事发生的背景,包括物理环境和社会环境。物理环境描述了用户实际使用产品的场所,而社会环境则反映了用户所处的社会、经济、技术、文化等外部因素。事件/行为(交互)是故事的核心内容,它描绘了角色与产品之间的互动过程。这些互动不仅展示了产品的功能和特点,还揭示了用户的真实需求和潜在问题。设计团队通过仔细分析这些交互行为,可以洞察用户的痛点,为产品优化提供有力支持。

情景故事板在设计调研中的应用极为广泛。它帮助设计团队从用户的角度出发,构建符合实际使用场景的故事情境,从而更深入地理解用户需求和市场趋势。通过情景故事板,设计团队可以更加清晰地指导产品设计方向,确保产品能够真正满足用户的期望和需求。同时,情景故事板还促进了团队成员之间的沟通与协作,使大家能够共同为产品的成功贡献力量。

数字资源

**学习目标**

1. 掌握茶文创产品设计的基本原理、流程与方法。
2. 培养敏锐的观察力和丰富的想象力,能够独立思考并产生独特的创意构思。
3. 具备品牌意识,能够为茶文创产品设计独特的品牌形象并构思品牌故事。

**课堂讨论**

1. 如何将茶文化的深厚底蕴融入文创产品设计中,通过不同元素(如历史、传统工艺、现代审美)的结合,展现茶文化的多元魅力?

2. 分析当前市场上茶文创产品的受欢迎程度、消费者偏好及潜在需求,讨论如何根据市场需求进行产品创新设计。

3. 在茶文创产品设计中,如何平衡传统元素与现代设计理念,使产品既具有文化底蕴又不失时尚感?

4. 在茶文创产品设计中如何融入环保理念,推动绿色消费?

> **课后思考与作业**

1. 分组调研市场上现有的茶文创产品,分析其设计特点、市场定位、优缺点,并提出改进建议。

2. 设计一款具有创新性和实用性的茶文创产品,并附上设计草图,说明设计理念及市场潜力。

3. 为上述设计的茶文创产品编写一段文化故事,讲述产品背后的茶文化渊源、设计理念及寓意,增强产品的文化附加值。

4. 假设上述茶文创产品已上市,设计一份问卷或访谈提纲,收集目标用户的反馈意见,分析用户对产品的满意度及改进建议。

5. 为上述茶文创产品制定品牌策划方案,介绍品牌定位、品牌形象设计、营销策略等。

6. 搜集并分析国内外成功的茶文创产品跨界合作案例,探讨跨界合作对于提升产品附加值、拓宽市场渠道等方面的积极作用,并思考如何将其应用于茶文创产品的设计中。

第七章
运筹帷幄：茶馆的筹备

## 第一节 溯源知新：茶馆的形成发展及新型茶馆特点

**知识导读**：无论是繁华的都市，还是幽静的小镇，茶馆都留下了独特的印记。本节中我们将简要回顾茶馆形成与发展的历史脉络，了解现代社会新型茶馆的特点，在此基础上感受茶馆是如何从最初简单的休憩之所，逐步发展成文化交流与社交互动的重要场所的。

### 一、茶馆的形成与发展

茶馆，作为人们休憩、社交和文化交流的重要场所，其形成和发展与社会、经济、文化等多方面的因素密切相关。

在古代，茶叶最初是皇室和贵族阶层所享用的珍贵饮品，象征着身份与地位的尊贵。随着茶树种植的推广、茶叶加工技术的进步以及贸易的发展，茶叶逐渐在民间普及。唐宋时期，城市经济呈现繁荣态势，市民阶层逐渐兴起，商业活动频繁活跃，人们对社交和休憩场所的需求不断增长。于是，一些街头巷尾开始出现简易的茶摊，为过往行人供应茶水以及少许点心，而后逐步发展成初具规模的茶馆。当时的茶馆大多坐落于城市的商业繁华区域，例如集市、码头周边。其经营方式也极为灵活，不仅在白天营业，还设有早茶和夜茶服务，并提供汤水茶点等。为了吸引顾客，广告成为茶馆主要的招揽手段。商人们在茶馆中洽谈生意，交流市场信息；文人雅士则相聚于此，吟诗作画，议论时事。[①]

图 7-1 清明上河图（局部）

《清明上河图》中有一个茶馆，设在虹桥不远处的河岸边。茶馆的屋顶设计十分考究，结构为"硬山人字顶"式。茶馆的外边设有茅草棚，茅草棚的设置也十分人性化，考虑到河边风大，所以茅草上面放置了数片瓦片，茅草的下面摆放着数张桌椅，有数名悠闲之人端坐其间喝茶交谈。可见当时饮茶之风的盛行（见图 7-1）。

明清时期茶馆数量大幅增长，广泛分布于城市与乡村。这一时期的茶馆类型

---

① 张宏杰. 中国茶文化与茶馆 [M]. 北京：中国社会科学出版社，2019.

# 第七章 运筹帷幄：茶馆的筹备

丰富、特色各异。有的茶馆凭借精彩的曲艺表演，诸如评书、相声、戏曲等来吸引顾客；有的茶馆注重营造清幽雅致的环境，通过布置书画、古董等，吸引文人墨客前来聚会；还有一些茶馆面向普通百姓，提供价格实惠的茶水和简单的小吃，成为邻里之间交流家常、传播消息的场所。例如，南京秦淮河畔的"问渠""问津""问柳"这些老字号茶馆，

图7-2 《亚东印画辑》中的清朝南京茶馆

它们在明清时期就已是文人墨客聚会、商家巨贾谈生意的常往之地。这些茶馆不仅环境雅致，还拥有独特的文化氛围和历史底蕴（见图7-2）。

汉口后湖的湖心亭茶馆、涌金泉茶馆等，则在城市的繁荣中扮演了重要角色。这些茶馆多位于风景秀丽之地，吸引了大量市民和文人前来品茗观景和诗聚会。

图7-3 话剧《茶馆》剧照

此外，茶馆还与文学创作有着密切的联系，许多文学作品中都有对茶馆场景和人物的描写，反映了当时的社会风貌和人们的生活状态。最著名的就是老舍的话剧《茶馆》，以老北京一家叫裕泰的大茶馆的兴衰变迁为背景，展示了从清末到北洋军阀时期再到抗日战争胜利以后的近50年间，北京的社会风貌和各阶层的不同人物的生活变迁（见图7-3）。

近现代时期随着西方文化的传入和影响，茶馆的经营模式和服务内容开始有所创新。一些茶馆引入了西式的装修风格和服务方式，为顾客提供咖啡、西餐等多元化的选择。同时，茶馆也成为社会思潮传播和政治活动开展的重要场所。

## 二、新型茶馆的特点

现代社会的持续进步与发展，使人们的生活节奏不断加快，消费观念也逐步发生转变。在这样的时代背景之下，涌现出许多新型茶馆，它们具有以下特点。

### （一）盈利多元化

新型茶馆在继承和发扬传统茶文化的同时，通过创新和多元化的产品线，满

足了现代消费者对个性化和健康生活的追求。它们不仅提供传统茶饮，还引入了新茶饮、养生热饮、创意茶咖、精致鸡尾酒和新鲜果汁等，搭配中西式小吃，丰富了顾客的品饮选择。此外，新型茶馆通过销售具有文化内涵的茶器茶具、推出定制化礼品和联名款产品以及与其他企业的品牌合作等方式，拓宽了销售渠道并增强了品牌价值。一些茶馆还设置了阅读区和私人影院等社交休闲空间，为顾客提供了更加丰富的体验，使茶馆成为现代社交和休闲的重要场所。这些创新举措不仅提升了茶馆的盈利能力，也推动了茶文化在当代社会的传播和发展。

### （二）分类专业化

在当今市场，茶馆行业涌现出养生茶馆、文玩茶馆、茶餐馆、茶道馆、茶艺馆等多种新类型的茶馆，针对不同消费群体的特定需求，提供了高度专业化的服务。

例如，茶道馆通过举办多样化的活动，如茶艺展示、互动体验课程和专题讲座等，深化了顾客对茶文化的认知和体验，同时加强了顾客与茶馆之间的情感联系。这种情感上的紧密联系，对于培养顾客的品牌忠诚度和增强品牌认同感起到了积极作用。

又如，养生茶馆将传统茶文化与中医养生理念相结合，精选具有特定健康益处的茶叶，并将其与中医的传统保健疗法如按摩、拔罐、针灸等相结合，提供了一种全新的健康生活方式。这种跨领域的服务模式不仅迎合了当代人对健康生活的追求，也彰显了新型茶馆在创新服务方面的潜力和多样性。

### （三）业态创新化

传统茶馆以其清雅和宁静的氛围为特色，提供私密空间，适合举办商务茶会等活动，通常价格较高，体现了一种精致和高端的饮茶文化（见图7-4）。

作为新型茶馆之一的新中式茶馆融合了创意茶饮、社交空间和创新零售的元素，为年轻消费者提供了一个时尚的饮茶场所。这些茶馆的饮品设计新颖，符合年轻人的审美和社交需求，满足了他们拍照分享的社交趋势，使饮茶变得更加潮流和充满活力（见图7-5）。

此外，共享茶室凭借其优越的私密性、全天候营业、经济实惠的消费模式以及标准化的服务流程，受到市场的欢迎。上述新型茶馆在功能和包容性上都超越了传统茶馆，为消费者提供了更加灵活和多样化的饮茶体验（见图7-6）。

图 7-4　传统中式茶馆　　图 7-5　新中式茶馆　　图 7-6　共享茶室

### （四）管理数字化

新型茶馆通过一系列数字化管理策略有效提升了运营效率和顾客体验。在营销方面，大数据分析工具的应用使茶馆能够深入理解顾客的消费行为和偏好，从而制定出更加精准的营销策略，以满足顾客的个性化需求。同时，会员管理系统的引入让新型茶馆能够收集和分析会员数据，提供定制化服务和优惠，有效提升会员的忠诚度和复购率。客户关系管理系统则进一步帮助茶馆维护客户关系，根据客户需求提供定制化服务。

在库存和供应链管理方面，数字化库存管理系统的运用使得新型茶馆能够实时监控库存情况，及时补充热销产品，减少库存积压，提高整体运营效率并降低成本。此外，通过射频识别技术（RFID）和二维码技术，新型茶馆可以为每款茶品建立详尽的追溯系统，确保产品从生产到销售的每个环节都可追踪，这不仅提升了茶品的质量和安全标准，也增强了消费者对品牌的信任。

随着互联网和直播的普及，新型茶馆也在积极拓展线上市场，通过自媒体运营、直播带货等新兴方式进行宣传和销售，建立在线商店，通过线上渠道销售茶叶、茶具和茶相关产品，以吸引更广泛的客户群体。这些创新举措不仅提升了顾客体验，还增强了新型茶馆的运营效率和市场竞争力，有助于新型茶馆在现代市场中保持领先地位，同时传承和发扬传统茶文化。

### （五）产业联动化

部分新型茶馆通过与旅行社合作，在旅游景区提供包含茶园游览、茶艺展示和品茶体验的旅游套餐，丰富游客的旅行体验。同时，部分新型茶馆与餐饮业结合，推出融合茶叶元素的创新菜品，为食客带来新颖的餐饮享受。部分新型茶馆还与书店和艺术画廊联手，举办文化活动和艺术展览，成为文化交流的活跃场所。在社区层面，新型茶馆能通过举办茶文化节和茶艺比赛等活动，增强社区的文化凝聚力。在国际舞台上，新型茶馆作为中国茶文化的传播中介，与外国文化机构合作，开展国际茶文化交流，能更好地宣传中国茶文化的独特魅力。这些多元化的合作模式不仅提升了新型茶馆的吸引力，也可以为当地经济和文化发展注入新的活力，展现新型茶馆在现代商业环境中的多重价值。

总之，茶馆的形成和发展是一个漫长而丰富的历史过程。它反映了社会的变迁、经济的发展和文化的传承与创新，在不同的历史时期都发挥着独特的作用，是中国文化的一个重要符号。新型茶馆在继承和发扬传统茶文化的基础上不断创新，以适应现代社会的多元化需求，已经成为连接传统与现代、文化与商业的重要平台。

**知识链接** 中式茶馆与日本茶室、英国茶馆的区别

### 一、环境与氛围

中国的茶馆风格多样，有热闹喧哗的茶馆，人们在此谈天说地、交流信息；也有宁静雅致的茶馆，供人修身养性、品味茶香。整体氛围较为轻松、自由，充满生活气息。不同地区对茶馆的称呼也有所不同，如福建将其称为茶艺馆，广州将其称为茶楼，四川将其称为茶馆，北京将其称为茶亭等。

日本茶室环境通常简洁、素雅，注重营造宁静、平和的氛围，强调与自然的融合。茶室的布置多采用榻榻米、竹帘、插花等元素，色调淡雅，以突出茶道的精神内涵，让人在其中能感受到内心的平静与安宁。

英国茶馆环境较为优雅、舒适，具有浓厚的社交氛围。茶馆常布置得温馨典雅，使用精致的茶具和装饰品，人们在里面轻声交谈，享受悠闲的时光。

### 二、社交功能

中国茶馆是社交的重要场所，具有很强的开放性和包容性。

日本茶室社交功能相对特定，主要用于茶道仪式和相关的文化活动，参与者多为对茶道有一定了解和追求的人群，社交圈子较为固定，且更注重仪式感和精神层面的交流。

英国茶馆是人们社交、休闲的重要场所，朋友之间在此聚会、聊天，享受下午茶时光。茶馆也是英国人家庭聚会的常见选择之地，具有较强的生活休闲性和家庭氛围。

### 三、经营与服务

中国茶馆的经营方式灵活多样，提供多种茶叶选择，有不同的泡茶方式和服务。除了茶水，有的茶馆还会提供各类茶点、小吃，甚至还会有曲艺表演等娱乐

项目。例如，在一些老北京茶馆，除了供应茶水，还有杏仁豆腐、豌豆黄等茶点，以及相声、京韵大鼓等表演。

日本茶室经营注重茶道仪式的传承和规范，服务过程严谨、细致，对茶具的摆放、茶叶的冲泡步骤等都有严格要求，致力为顾客呈现完美的茶道体验。服务员通常需要接受专业培训，在服务过程中必须做到动作规范、优雅。

英国茶馆则强调服务的周到和细致，注重顾客的体验。英国茶馆一般会为顾客提供丰富的茶品选择，如红茶、伯爵茶等，搭配精美的点心，如司康饼、三明治等。

## 第二节　择址明势：茶馆市场需求分析、选址与定位

**知识导读**：在如今竞争激烈的饮品市场大环境下，若想成功经营一家茶馆，绝非易事，需要我们事先制定周密的计划和有效的经营策略。在本节中，我们将深入分析茶馆市场需求、选址要点与定位策略，总结茶馆筹备时应掌握的信息。

### 一、茶馆市场需求分析

#### （一）市场调研

在筹备开设茶馆的初期，为了精确把握市场需求并制定有效的经营策略，建议采取全面的市场调研方法，包括问卷调查、深度访谈和实地考察等，深入理解目标市场的竞争态势和消费者行为。具体而言，市场调研应聚焦于以下几个方面。

竞争格局分析：通过问卷和行业分析，了解区域内茶馆的分布、类型、价格等，明确竞争对手的优势和劣势，为制定差异化策略提供依据。

消费者偏好研究：利用问卷调查广泛收集消费者对茶饮种类的偏好（如传统茶、花果茶、现代茶饮等）、对茶馆环境（如装修风格、氛围营造）的期望、对服务质量（如员工态度、服务效率）的要求以及消费能力。此外，通过访谈探寻消费者内心需求，捕捉细节信息，如消费者对茶馆举办文化活动的期待、对茶文化认知的程度等。

茶文化认知与兴趣：关注消费者对茶文化的了解及其对消费行为的影响，评估他们对茶艺表演的兴趣，以便在文化体验上打造特色，提升品牌吸引力。

茶饮品质要求：调研消费者对茶饮品质的期望，包括原料、工艺和口感，确保提供的茶饮满足高品质要求。

数据支撑选址决策：利用调研数据，通过分析工具深入挖掘信息，识别最佳地理位置，为茶馆选址提供数据支持，确保快速融入当地并吸引目标客户。

**知识链接** 市场调研常用软件

### 1. 顺为城市地图

这是一个提供城市数据查询和商业地理信息服务的平台，它通过线上服务为用户提供城市数据、商场调研、品牌连锁、商圈洞察、开店选址以及商圈报告等产品服务。这些服务主要面向个人用户、地产开发商、商业咨询方等，帮助他们进行项目全过程的数据及信息化服务支持。

### 2. 鸥维数据

这是一个综合性的数据查询平台，提供全国地级市以上城市的国内生产总值（GDP）、GDP增长率、人均GDP、常住人口、房产均价、税收收入、旅游收入、大学数量、医院数量、城市面积和热度排名、行业数据和企业数据等信息。

## （二）市场细分

进行市场分析时，采用多维度标准可以更精确地识别和定位目标客户群体，从而制定更加有效的经营策略。市场细分通常涉及以下几个关键因素：

### 1. 年龄因素

以年轻消费者群体为主的茶馆，选址一般建议在潮流街区、创意园区或大学周边，这些地方是年轻人的聚集地，易于吸引目标顾客。在产品创新上，可以推出融合现代元素的茶饮，如创意混合茶、茶与咖啡的结合饮品，以及提供健康、有机的选择，满足年轻人对新鲜事物的探索和个性化需求。店内装饰可以采用时尚、活泼的设计，以吸引年轻顾客并提供社交打卡的热点。

以中老年消费群体为主的茶馆选址时应考虑安静程度和便利性，如靠近居民区、公园或相对比较安静的街道，以迎合他们追求平和与舒适生活的需求。在服务和产品上，可以强调茶文化的深厚底蕴和养生价值，提供低咖啡因、具有保健功能的茶饮。同时，店内应设置宽敞舒适的休息区，为中老年人提供一个放松身心的社交场所。

## 2. 性别因素

为了更好地吸引和服务女性消费者，茶馆在选址时可以考虑女性常去的购物区或美容美发店附近，营造出一个既温馨又典雅的环境。在产品方面，可以推出具有美容养颜功效的系列茶饮，并搭配健康的轻食甜点，以迎合女性对健康和美丽的追求。此外，茶馆的内部装饰和服务细节也应该体现对女性顾客的细致关怀。例如，可以设置女性专属的休息区域，提供更加贴心和私密的空间。同时，茶馆还可以提供一些针对女性需求的服务用品和场所，如应急护理包、化妆间等，以满足女性顾客在不同情况下的需求。

为了吸引和服务男性消费者，茶馆的选址策略可以聚焦于商务区、高尔夫球场或健身房附近，以迎合男性顾客的商务和休闲需求。在内部环境设计上，可以强调简洁、现代的装饰风格，营造出专业而商务的氛围。在产品线方面，茶馆可以专注于提供传统浓茶、普洱茶等深受男性消费者喜爱的茶饮，并可开发与男性品饮兴趣相契合的茶类。同时，为了满足男性顾客的社交和休闲需求，茶馆可以设置棋牌室、阅读区等活动空间，提供报纸、杂志和经营类书籍，以及举办相关的文化和商务活动。

## 3. 消费能力

面向高消费能力的顾客，茶馆应选址于高端商业区、豪华住宅区或五星级酒店内，提供高品质的茶品、精致的服务及优雅的环境。定价策略上可偏高，但需确保物有所值，以吸引并维持这一细分市场的顾客。

大众消费群体，因该人群更注重性价比和便捷性，茶馆应选址在普通居民区、学校周边或经济型商圈开设茶馆，可以吸引广泛的消费者。通过提供价格适中、口味多样的茶饮和小吃，茶馆能够满足大多数顾客的日常需求。在控制成本的同时，茶馆还需注重服务质量，确保为顾客提供舒适和满意的体验，以建立良好的口碑和客户忠诚度。

## 4. 消费动机

针对社交型消费行为，茶馆的位置选择应倾向于人流量密集、交通便捷的商业中心、购物商场或文化氛围浓厚的街区，以便于顾客的聚会和交流。店内布局应包含多样化的社交空间，如私密包间、开放的交流区，并通过定期举办茶艺展示、文化讲座等活动来丰富社交体验，从而营造一个促进互动和交流的环境。

针对休闲放松型消费行为，茶馆选址应考虑在宁静优美的自然环境附近，如靠近公园、湖边或山脚下，以提供一个远离城市喧嚣的宁静场所。内应注重营造一种平和舒适的氛围，提供精选的优质茶品和舒适的休息空间，使顾客在享受茶香的同时，也能获得身心的放松和恢复。

### （三）市场评估

为了制定有效的市场策略，茶馆需要对潜在的细分市场进行全面分析，这包括评估市场的规模、增长潜力、竞争状况以及消费者需求的满足程度。分析应详细考察每个细分市场的顾客基数、未来的增长可能性、现有竞争者的影响力以及消费者对当前市场供给的满意度。同时，茶馆必须结合自身的资源和能力，如茶品的品质、服务的专业水平、地理位置等优势，对进入各个细分市场的可行性和盈利前景进行综合考量。

在完成这些评估后，茶馆应选择一个或多个既具有市场吸引力又与自身条件相匹配的细分市场作为目标。例如，如果茶馆拥有高品质的茶品和专业的茶艺服务，可以考虑将文化爱好者和高端商务人士作为目标群体。相反，如果茶馆位于学校周边，那么年轻学生群体则是一个理想的目标群体。通过精准定位目标群体，茶馆能够更有针对性地满足特定消费者群体的需求，从而在激烈的市场竞争中脱颖而出，实现可持续的商业运营模式和品牌价值的增长。

## 二、茶馆选址要点

茶馆选址时，应优先考虑人流量密集的区域，如购物中心、繁华商业街和文化旅游区，这些地点有助于吸引顾客并提升茶馆的知名度与品牌影响力。同时，必须确保茶馆的位置交通便利，包括良好的公共交通连接和充足的停车设施，以方便顾客到访。

此外，茶馆周边环境应与自身定位和风格相适配，周边环境优美、安静，远离嘈杂与污染。若茶馆定位为高端类型，周边最好有高端商业场所、酒店、会所等配套；若定位为文化体验茶馆，周边则应有文化场所、博物馆、艺术馆等，以营造浓厚的文化氛围。对于注重长期经营和社区服务的茶馆，可以选择在居民区或社区中心开设店铺，通过口碑传播和社区活动吸引顾客。还可以选择具有特色或独特风景的地段开设茶馆，以营造独特的文化氛围和吸引特色顾客群体（见图7-7、7-8）。

图 7-7 位于成都人民公园的鹤鸣茶社　　图 7-8 位于某商业圈内的茶馆

在选择地点时，也应考虑避免与实力强大的竞争对手正面冲突，或者注意寻找市场定位的差异化，以占据独特的市场地位。对于有扩张计划的茶馆，选址时应考虑未来的可扩展性，确保有足够的空间用于扩展业务或开设分店。

最后，还需考虑租金和装修费用的合理性，确保经营成本处于可控范围内，防止因过高租金而影响茶馆的财务健康和盈利能力。

**知识链接** 茶馆选址的交通分析表

### 表 7-1 茶馆选址的交通分析

| | | |
|---|---|---|
| 公共交通覆盖情况 | 地铁 | 距离地铁站步行 10 分钟以内（距离大约 800 米）的位置较为理想。这样的距离既不会让顾客觉得过于遥远，又能在一定程度上保证出行的便捷性；<br>所在区域有多条地铁线路交会更佳，这意味着可以吸引来自不同方向的顾客，扩大茶馆的客源范围；<br>换乘站通常比普通站更具优势，换乘站可以方便顾客从不同的地铁线路到达茶馆，增加了交通的便捷性 |
| | 公交 | 茶馆附近的公交线路越多，交通便利性越高。距离公交站点步行 5 分钟以内（距离大约 400 米）较为合适；<br>还需了解公交线路的运营时间，尽量确保在茶馆的营业时间内都有公交服务 |
| 道路状况和可达性 | 道路类型 | 茶馆位于主干道附近可以提高交通的可达性，但不宜离主干道太近。虽然次干道和支路的交通流量相对较小，但如果周边道路网络较为发达，也可以提供一定的交通便利。例如，一些隐藏在小巷子里的特色茶馆，如果周边有清晰的指示牌和良好的道路连接，同样可以吸引顾客；<br>支路需要注意未贯通道路和无出口道路 |
| | 交通拥堵情况 | 需要了解茶馆所在区域在早晚高峰时段的交通拥堵情况。如果拥堵严重，可能会影响顾客的到达时间和体验感 |
| | 停车位的充足性和便利性 | 评估茶馆周边的停车位数量是否充足，分析茶馆是否能有自己的专用停车位或者周边有大型停车场，如果停车费用过高，可能会影响顾客的选择。分析停车场的位置是否容易找到、进出是否方便，是否有清晰的指示牌和良好的照明设施 |

续表

| | | |
|---|---|---|
| 步行环境和可达性 | 人行道状况 | 人行道旁边的景观和舒适度对于步行顾客也非常重要，应评估人行道是否安全干净，此外还需评估无障碍设计是否到位，轮椅、童车能否通行 |
| | 与周边设施的连接性 | 茶馆与周边设施（如餐厅、商店、电影院等）和公共交通站点的连接紧密，可以提高顾客的步行可达性 |
| 其他因素 | 交通标识和指示牌 | 茶馆周边是否有清晰的交通标识和指示牌，方便顾客找到茶馆 |
| | 网约车和出租车的可及性 | 了解茶馆所在位置是否容易叫到网约车和出租车 |
| | 周边交通设施的建设规划 | 关注茶馆周边的交通设施建设规划，如是否有新的地铁线路、道路拓宽工程等。这些规划可能会对茶馆的交通便利性产生影响 |

## 三、茶馆定位策略

### （一）品牌定位

为了塑造一个具有独特魅力的茶馆品牌形象，首先需要选择一个富有文化底蕴且易于记忆的品牌名称，使顾客对品牌产生共鸣并加深印象。接着，通过清晰的品牌标识、统一的装修风格以及员工的着装规范构建专业的品牌形象。最后，通过有效的品牌传播策略，包括社交媒体营销、参与社区活动和提供优质的服务，进一步增强品牌的市场影响力。通过这些综合性措施，茶馆不仅能够建立起清晰、一致的品牌形象，还能在竞争激烈的市场中突显个性，吸引并维系一群忠实的顾客。

### （二）风格定位

为确保茶馆的装修风格与其市场定位和目标客户群体相匹配，应精心挑选与品牌理念和顾客期待相符的设计主题。无论是传统中式的古典雅致、现代简约的时尚明快，还是日式风格的宁静自然，装修风格都应与茶馆的整体氛围和文化背景相协调。

### （三）产品定位

在规划茶馆的茶饮产品线时，应首先明确茶饮的不同类别，包括传统茶饮如红茶、绿茶、乌龙茶等，创新茶饮如水果茶、奶茶、冷泡茶等，以及养生茶饮如花草茶、药茶等，以满足不同顾客的口味和需求。选择信誉良好的茶叶供应商，保证所提供茶饮的新鲜度和品质，是提升顾客满意度的关键。

在茶点食品的搭配上，应精心挑选与茶饮相得益彰的糕点、小吃、水果等，以丰富顾客的消费体验，注重茶点的品质和口感，优先选择新鲜和健康的食材，确保茶点的美味与营养。同时，可以通过提供特色茶点，如手工糕点或地方特色小吃，来增加茶馆的吸引力和独特性。

### （四）服务定位

为了提供良好的顾客体验，茶馆可以开发一系列个性化服务项目，包括根据客户的口味和偏好定制茶饮、安排专业的茶艺表演以及组织茶文化讲座等。这些服务不仅能够满足顾客的个性化需求，还能增强他们对茶文化的认识和兴趣。在服务的细节和质量上，员工应积极提升技能，确保服务的及时性和专业性。

### （五）价格定位

为了确保茶馆的财务可行性和营利性，必须细致计算涵盖各个方面的运营成本，包括房租、装修费用、必要的设备采购、员工工资以及原材料的采购等。在明确了成本结构之后，合理设定利润率，结合成本和预期利润来确定茶饮和茶点的定价范围。

同时，为了制定有竞争力的价格策略，需要对当地市场上其他茶馆的价格水平进行调研，参考竞争对手的定价来调整自己的价格。如果茶馆的市场定位是高端，那么可以在保证高品质产品和服务的前提下，适当提高价格。反之，如果定位是面向中低端市场，那么可以通过设定亲民的价格来吸引更多顾客。

### （六）员工形象定位

员工作为茶馆品牌形象的直接传递者，其形象和服务态度对于塑造顾客体验至关重要。为此，茶馆可以为员工定制统一的工作服装，以展现团队的专业性与统一性。同时，强调员工保持良好的个人仪表和友善的服务态度，确保每位顾客都能得到热情而礼貌的接待。

除了外部形象打造，提供持续的员工培训同样重要。通过专业培训，不仅可以提升员工的茶艺技能，确保他们对各种茶叶的特性和冲泡方法有深入了解，还能提高服务水平，使员工能够更好地满足顾客需求，提供个性化和周到的服务。

### （七）未来发展定位

在规划茶馆的定位和发展策略时，重要的是要具备前瞻性思维，考虑长远的发展方向和扩展潜力。对于有意向扩大经营的茶馆，应当选择一个空间充足、能够适应未来扩展需求的场地，或者在选址时就考虑到未来开设分店的可能性。

同时，茶馆经营者需要持续监控市场趋势和消费者偏好的演变，保持对行业动态的敏感性。面对市场竞争的变化，如新竞争者的加入或消费者口味的转变，茶馆应能够快速做出响应，灵活调整经营策略。这可能包括推出新的茶饮和茶点、引入创新的服务项目，或是更新店内的装饰和氛围，以维持并增强茶馆的市场竞争力和顾客吸引力。

## 第三节 命名艺术：茶馆取名与注册登记

**知识导读**：在茶文化愈发繁荣的当下，经营一家茶馆成为很多人的梦想。茶馆取名与注册登记等关键环节，将为茶馆的成功经营筑牢根基。本节内容将引领你了解茶馆取名原则和茶馆的注册登记流程。

### 一、茶馆取名原则

#### 1. 易于记忆

茶馆的命名应追求简洁、易记和易读，避免采用冗长或难懂的词汇，这样有助于顾客的记忆和品牌的宣传。理想的茶馆名通常简短而富有内涵，建议控制在2到3个字，即使加上品类词，也应尽量不超过5到6个字。例如，"中茶""大益"和"去茶山"等知名茶品牌都采用了这种命名方式。

#### 2. 传递品牌调性

茶馆名应具有明确的品牌调性，以传达茶馆的主营业务和特色，并与茶馆的定位和文化相符。比如中式茶品牌"煮叶"（Teasure）由日本设计大师原研哉设计，名字简洁、富含禅意，传递出品牌的简约和静心修身的调性。门店设计和服务也延续了这一理念，从而吸引了众多追求心灵宁静的顾客。又如，"Tea'stone"及其前身"Teabank"，从名称就可以看出其与传统茶馆的区别，体现出其"创意茶饮+社交空间+创新零售"的复合茶品牌定位，彰显了品牌的创新精神和现代感。

#### 3. 明确品类

选择一个合适的茶馆名对于吸引目标顾客和建立品牌形象至关重要。不恰当的命名可能会导致目标群体的误判，进而流失潜在顾客。对于知名茶馆，如竹叶青论道生活馆等，其名称本身已经具有强烈的品类标识性，无需添加描述性词汇。然而，对于小型茶馆而言，明确地在名称中体现其茶馆的品类特征，如"隐溪茶馆""钱塘茶人""林溪茶舍",等等,可以帮助消费者迅速识别其品类。

同时,茶馆名应当具有吸引力和文化氛围,如"月溪茶林"和"器生茶时",这些富有诗意和文艺气息的名称能够激发顾客的美好联想。尤其是风景名胜附近的茶馆,在取名时应结合当地文化氛围,以吸引游客。

### 4. 考虑商标注册

注册茶馆商标是确保品牌独特性和合法性的重要步骤。一旦注册成功,它便受到法律的保护,防止其他企业使用相同或相似的名称,从而避免市场混淆和不公平竞争。若名称被他人抢注,可能会给茶馆带来严重的经营问题,使茶馆陷入法律纠纷。为了解决这些问题,茶馆可能需要投入大量的时间和资金。

商标注册不仅是合法经营的基础,也是进行商业活动和办理相关证照的必要条件。它确保了茶馆的经营活动合法合规。商标注册的费用较低,一旦注册,便能为茶馆提供坚实的法律保护,并有助于积累品牌价值。此外,商标注册对于未来可能的连锁经营也具有重要意义,它有助于维护品牌形象和控制质量。

### 5. 符合规范

在为茶馆命名时,不仅要使用规范的汉字,确保其通用性和易识别性,而且要确保名称遵守相关法律法规,避免使用任何可能损害国家尊严、危害社会公共利益或违反社会良好风尚的词汇。此外,还需确保名称中不包含法律所禁止在企业名称中使用的特定字样,保证茶馆的品牌形象正面、合法,规避可能出现的法律风险。

## 二、茶馆注册与登记

### (一)注册流程

#### 1. 名称预先核准

建议准备多个备选茶馆名称,并向当地工商行政管理部门或相关登记机关提交名称预先核准申请,可通过线上平台或者现场窗口进行办理。有关部门将对申请的名称予以审核,通常在几个工作日内给出核准结果。倘若名称通过核准,会颁发名称预先核准通知书,此名称将在一定期限内(一般为6个月)予以保留,供申请人办理后续注册手续。

### 2. 准备注册材料

通常情况下，需要准备名称预先核准通知书、公司章程、股东身份证明、注册资本证明、经营场所证明、法定代表人身份证明等材料，具体如表7-2。

表7-2 茶馆名称注册材料

| | |
|---|---|
| 名称预先核准通知书 | 提交名称预先核准申请后由相关部分颁发 |
| 公司章程 | 包括茶馆的组织架构、股东出资方式、比例、经营范围等内容，全体股东需签字或盖章确认 |
| 股东身份证明 | 提供股东的身份证原件及复印件，复印件需股东本人签字确认 |
| 注册资本证明 | 如验资报告或银行存款证明等，证明股东的出资情况（若实行认缴制，可在章程中约定出资期限，暂不提供验资报告） |
| 经营场所证明 | 提供茶馆经营场所的产权证明或租赁合同。产权证明如房产证、购房合同等；租赁合同需包含租赁双方的姓名（或名称）、租赁地址、租赁期限、租金等主要条款，同时需附上出租方的产权证明复印件 |
| 法定代表人身份证明 | 提供法定代表人的身份证原件及复印件，复印件需法定代表人签字确认 |
| 其他相关材料 | 根据当地工商部门的要求，可能还需提供如委托书（委托他人办理时需提供）、承诺书等材料 |

### 3. 提交申请

将准备齐全的注册材料提交给工商行政管理部门进行审核，确认材料的完整性、真实性以及是否符合法律法规的要求。审核通过后，工商行政管理部门会进行登记注册，颁发营业执照，营业执照上面会注明茶馆的名称、类型、法定代表人、经营范围、注册地址等信息。

### （二）变更流程

根据《中华人民共和国市场主体登记管理条例》第二十四条，市场主体变更登记事项，应当自作出变更决议、决定或者法定变更事项发生之日起30日内向登记机关申请变更登记。如需变更，应当向注册登记机关申请，并提交相关材料，具体如表7-3。

### 表7-3　茶馆名称变更申请所需材料

| | |
|---|---|
| 变更登记申请书 | 需明确填写原名称、注册号、拟变更名称、备选名称（通常有两个选项）、经营者姓名、联系电话、经营范围、经营场所等信息，并由申请人签字或盖章 |
| 营业执照正本与副本 | 需提供原件 |
| 申请人的身份证明 | 提供身份证原件及复印件；申请人为企业的，提供企业法人营业执照等相关证明文件。代理人办理手续时需要提供身份或资格证明以及由申请人出具的授权委托书 |

注意，若变更茶馆名称，需要同步变更相关的印章、银行账户信息、税务登记信息、合同协议等，以确保经营活动的顺利进行。

### （三）后续手续

领取营业执照后，茶馆还需办理税务登记、银行开立账户等相关手续，以确保正常经营。若涉及餐饮服务，还需办理餐饮服务许可证、食品经营许可证等特定行业的许可证。

> **知识链接**　茶馆注册为个体工商户和有限责任公司的优缺点

### 一、个体工商户

#### 1. 优点

注册手续简便：通常提交的材料相对较少，流程较为简单，办理速度较快。

管理成本低：没有复杂的组织机构和治理结构，决策自主灵活，管理相对轻松，节省管理费用。

税收负担相对较轻：一般情况下，只需要缴纳个人所得税。一些地区对个体工商户还有税收优惠政策，如核定征收等，可能在一定程度上降低税负。

#### 2. 缺点

责任无限：经营者对茶馆的债务承担无限连带责任，经营风险较大。如果茶馆经营不善产生债务，可能会影响个人及家庭。

融资较难：个体工商户在融资方面相对困难，较难获得银行贷款等外部资金支持，不利于茶馆的扩大经营。

发展空间有限：在品牌建设、市场拓展等方面相对受限，难以像有限责任公司那样进行大规模的扩张和发展。

## 二、有限责任公司

### 1. 优点

责任有限：股东以其认缴的出资额为限对公司债务承担责任，降低了个人的经营风险。

融资渠道多：可以通过吸收股东投资、银行贷款、发行债券等多种方式筹集资金，有利于茶馆的扩大经营和发展。

发展潜力大：具有较为完善的治理结构和管理体系，有利于吸引人才和合作伙伴，提升茶馆的竞争力和发展空间。

### 2. 缺点

注册手续复杂：需要准备的材料较多，注册流程相对繁琐，办理时间较长。

管理成本高：有股东会、董事会、监事会等治理机构，管理相对复杂，需要投入更多的人力、物力和财力进行管理。

税收负担相对较重：需要缴纳企业所得税和个人所得税，税负相对个体工商户可能会高一些。

综合来看，如果茶馆规模较小，资金投入有限，经营风险相对较低，且希望注册手续简便、管理成本低，可以选择注册个体工商户。

如果茶馆有较大的发展规划，需要筹集资金扩大经营规模，注重品牌建设和市场拓展，并且能够承担相对复杂的注册和管理成本，那么注册有限责任公司可能更为合适。

## 第四节 立面美学：茶馆的外观设计原则与细节构成

**知识导读**：作为城市风貌的一张名片，无论是古典雅致的木结构，还是现代简约的玻璃幕墙，抑或是与自然景观巧妙融合的生态设计，茶馆的每一面都独具风情。本节将针对茶馆外观设计的原则与细节构成，探讨如何在保留传统文化精髓的同时，融入现代设计理念，以创造出既符合时代审美又富含文化底蕴的茶馆外观，让每一位踏入其中的顾客都能感受到独特的韵味与魅力。

## 一、外观设计原则

茶馆的外观设计是指茶馆建筑在视觉上所呈现出的外部形象和风格，它包括了茶馆的立面设计、建筑风格选择、色彩搭配、材质运用、景观融合等多个方面。茶馆的外观设计不仅仅是关于美观和吸引力的问题，更是茶馆品牌文化、经营理念和茶文化氛围的重要体现，其设计需要遵循以下原则。

### （一）风格与周边环境深度融合

茶馆外观设计风格应呼应其所处环境（即场地）的历史、文化及现代风貌，确保与周边景观和谐共生。在历史文化街区，可以通过复古色彩、传统构件的巧妙运用，强化地域特色；而在现代商业区，则可采用现代简约风格，结合玻璃幕墙、金属材质等现代元素，展现时代感。同时确保茶馆外观与周围建筑在色彩、线条、材质等方面有一定的连续性，形成视觉上的流畅过渡，避免突兀，详见表7-4。

表7-4 茶馆外观设计常用风格

| 风格 | 特点 | 材质与色彩 |
| --- | --- | --- |
| 古典风格 | 庄重、典雅，强调历史感和文化底蕴 | 外立面常采用复杂的装饰元素和对称的布局，色彩上偏向暖色调，如黄、红、棕等。材料上，石材、砖瓦等传统建筑材料占主导地位 |
| 现代风格 | 简洁、明快，注重功能性与实用性 | 外立面多采用平直的线条和简单的几何形状，色彩上偏向中性色或冷色调，如灰色、白色等。材料上，主要应用玻璃、金属、混凝土等现代建筑材料 |
| 后现代风格 | 更注重建筑的精神功能、设计形式的变化以及历史文化的融入 | 强调装饰的趣味性和象征性，常采用古典元素与现代手法的结合。色彩运用大胆多样，不拘泥于传统色彩规范。材质选择上则强调新旧融合、兼容并蓄，将传统材料与现代材料相结合，创造出独特的视觉效果 |
| 未来主义风格 | 强调对传统观念的挑战和超越，追求科技性、前卫性和艺术性的融合 | 采用流线型、几何化或抽象化的造型，以及新型材料和技术的应用，如高性能玻璃、智能涂料、复合材料等，使建筑立面呈现出一种科技感和未来感；在色彩上偏向冷色调，如银色、蓝色等，以凸显科技感和现代感 |
| 自然风格 | 强调与自然的和谐共生 | 外立面设计常采用木材、竹子等自然材料，以及模仿自然形态的装饰元素。色彩上偏向自然色系，如绿色、棕色等 |

续表

| 风格 | 特点 | 材质与色彩 |
|------|------|------------|
| 地域风格 | 反映特定地域的自然条件、文化传统和建筑风格 | 地域风格在建筑立面的色彩和材质选择上具有鲜明的特色。例如，江南水乡的建筑立面多采用白墙黛瓦，色彩淡雅清新；而北方地区的建筑则可能更注重材质的厚重感和色彩的对比效果 |

例如，位于杭州南宋古建筑群内的四寒茶社，主体为木质和混凝土混合结构，分为上下两层。茶社立面内敛简洁，没有过多的装饰和繁复的线条。外墙采用了半透明的材质作为立面的一部分，在强光下会呈现纯白色，与周边白墙黛瓦的建筑群在色彩上形成了和谐的统一。与立面的白色形成对比，茶社的屋顶选用了深灰色，这种色彩搭配既符合中国传统建筑的审美，也在视觉上增强了茶社的稳定性和厚重感，与周边古建筑群的色调相协调。

位于威海塔山公园采石场中的岩景茶馆，折线形的建筑轮廓则源于岩石和场地的自然形态。岩景茶馆采用锈蚀钢板与石头两种主要材料，棕色的锈蚀钢板所体现的岁月感很好地呼应了场地中经过多年风蚀的棕红色岩壁。墙体则是在采石场就地取材，直接用场地清理和基础开挖出来的毛石来砌筑，以一种自然不加修饰的状态与场地对话。木质门扇、自然面石材地砖等也都以自然质感使建筑融入场地的自然环境中。

## （二）强化独特性与品牌知名度

设计师在保持与周边环境协调的基础上，通过创新的建筑形态、独特的装饰细节以及光影效果的巧妙运用，创造出令人印象深刻的茶馆外观。同时，可以设计一套具有辨识度且符合茶馆品牌形象的标识系统，包括但不限于店名、招牌、标识等，对强化茶馆品牌独特性与知名度也非常重要。这些元素应简洁明了，易于记忆，并能与茶馆的整体风格相得益彰。

例如，位于杭州西溪国家湿地公园的无界西溪茶室，设计师在保护传统柱梁结构的基础上，为设计做了减法，采用了大落地玻璃，露出建筑本身的骨架，用入口处的大玻璃盒子勾勒出一个无形的界限，既将四周景色与室内空间相互打通，又增强了采光性与通透性，形成茶馆的标志性景观。

### (三)注重经济性与可持续性

设计师在开展茶馆的外观设计时应根据定位和预算,合理规划和实施装修方案,选择性价比高的装修材料和施工工艺,避免浪费。优先选用环保、可回收或低能耗的装修材料,减少对环境的负面影响。同时,要考虑材料的耐久性和易维护性,降低长期运营成本。在设计中宜融入节能理念,如使用保温材料、绿色屋顶或雨水收集系统等,减少能源消耗;考虑外立面对室内温度的影响,尽量采用浅色和高反射率材料减少热量吸收,提高空调工作效率,节约用电成本。

## 二、外观设计细节构成

### (一)招牌设计

茶馆的招牌应简洁明了,准确传达茶馆的名称和特色。招牌尺寸应根据店面大小和位置确定,一般建议高度在 1.5 至 3 米,宽度视店面宽度而定,确保招牌在视觉上既不过于突兀也不过于隐蔽。招牌的字体应清晰易读,大小适中。

招牌的位置需要考虑日照和周围光源的影响,避免产生反光或阴影,影响招牌的可视性。如果招牌需要夜间照明,应选择合适的照明方式,如背光、侧光或霓虹灯等,确保文字和图案在夜晚也能清晰展现。同时,安装位置应便于行人和车辆从多个方向识别,确保招牌的高度和角度对行人和驾车人员都是最佳的可视范围,一般建议安装在茶馆入口处的正上方或门楣位置。

在材质上,应选用耐候性强、不易褪色的材料制作招牌,确保其在长期使用的情况下依然能够保持美观。常见的招牌材质包括亚克力、金属(如不锈钢、铝合金)、木等。设计时需考虑长期维护的便捷性,如易于清洁等,以及方便更换损坏部分的结构设计。

造型上,招牌的设计应与茶馆的整体风格相统一。如中式风格,可以传统的匾额或楹联为招牌,增加文化底蕴;如果是现代风格,可以采用简洁的标识或图形来制作招牌,增加时尚感。

### (二)门窗设计

茶馆的门窗设计首先应注意采光通风问题。门窗应能让自然光线和新鲜空气充分进入室内,营造出明亮、舒适的内部环境。窗户的大小应根据室内空间的采光需求和外墙面积的大小来确定,一般建议窗户面积为墙面面积的 1/3 至 1/2,

玻璃窗户的透光率一般控制在70%至90%之间。可以采用大面积的玻璃窗或落地窗，增加室内的采光面积；也可以采用天窗或采光井，增加室内的采光效果。

在隔热隔音上，建议选择双层或三层玻璃窗，减少能源损耗。窗户可配备美观的窗帘或百叶，既起到调节光线的作用，也能增强私密性。还可以考虑使用智能窗膜，通过自动调节透光率进一步节能减排。

在门窗开启上，应根据室内布局和使用习惯选择合适的方式，如推拉窗适合空间较小的房间，平开窗则更适合需要经常开启通风的区域。门的开启方向应考虑动线和人流量，避免开门时阻碍通道或造成不便，同时考虑设置无障碍设施。

在美观实用性上，门窗应设计得美观大方，能够与茶馆的整体风格相协调，增加茶馆的美观度。可以采用传统的木门窗或铝合金门窗，搭配精美的雕花或装饰线条，增加门窗的艺术感和文化内涵；也可以采用现代的玻璃门窗或断桥铝门窗，搭配简洁的线条和时尚的颜色，增加门窗的时尚感和现代感。

### （三）绿化景观设计

茶馆的外部可以设置一些绿化景观，如花草、树木、盆景等，增加茶馆的自然气息和美观度。可以选择一些与茶相关的植物，如茶树、茉莉花、桂花等，增加茶馆的文化内涵；可以选择一些比较好养的植物，如绿萝、吊兰、常春藤等，既能减少员工的工作量，又能美化环境。

### （四）户外座位设计

茶馆的外部可以设置一些户外座位，让顾客在享受阳光和自然风景的同时，品尝美味的茶饮。户外座位应舒适、美观、安全，并与茶馆的整体风格相协调。可以采用木质桌椅、藤编桌椅、铁艺桌椅等不同材质的桌椅，搭配遮阳伞、抱枕、地毯等装饰物品，增加户外座位的舒适度和美观度。

### （五）灯光照明设计

茶馆的外部可以设置一些照明设备，如路灯、壁灯、地灯等，增加茶馆的夜间美观度和安全性。灯光照明的设计应柔和、温馨，能够与茶馆的整体风格相协调。可以采用黄色、橙色、白色等暖色调的灯光，增加茶馆的温馨感和浪漫氛围。此外，建议尽量采用太阳能灯、发光二极管（LED）灯等节能灯具，在增强茶馆美观度的同时节约用电成本。

# 第七章 运筹帷幄：茶馆的筹备

数字资源

**知识链接** 建筑外立面的设计原则、要点和施工要求

## 1. 设计原则

根据《民用建筑通用规范》（GB 55031-2022），建筑外立面设计必须符合可持续发展原则，正确处理建筑与环境的相互关系，保护生态环境，防止污染和破坏环境。

建筑外立面设计需考虑所在地区的气候特性，如防灾避难、通风、热湿环境等，以适应当地气候条件并提高建筑的性能。

建筑外立面设计必须符合国家现行法律法规及标准的规定，如《中华人民共和国建筑法》《中华人民共和国城乡规划法》等，确保建筑物外立面安全、卫生、环保。

## 2. 设计要点

城市风貌协调：在城市主干道、重要景观廊道、交通枢纽等区域，建筑外立面的设计需与周围自然景观、区域环境、城市风貌相协调。可能需要进行多方案比选，对建筑风貌、立面材质色彩、景观视廊等进行专项分析论证。

形式与功能巧妙结合：外立面设计应与建筑的功能需求紧密结合，既要满足内部空间的使用要求，又要展现建筑的特色和风格。门窗的设计需注意尺寸、开启方式、造型及与周边界面的处理，确保既实用又美观。

建筑部件要实现标准化：建筑外立面设计应遵循建筑模数的要求，确保门窗等建筑部件的标准化，从而保证设计的一致性和施工的便捷性。

防灾安全措施健全：设计中需综合考虑防火、抗震、防洪等防灾安全措施，比如使用阻燃材料、设置逃生通道等，以提高建筑在灾害发生时的安全性。

满足节能与环保要求：外立面设计需要考虑节能和环保要求，通过合理选择保温材料、设计有效的窗户结构和采用绿色建筑材料等方式，降低能源消耗，实现绿色建筑目标。

完善细部设计：细部设计需关注构件本身的细部处理以及与其他构件之间的连接。装饰性细部设计则可从美观角度出发，通过线脚、雕塑、图案等装饰性元素提升建筑的艺术感。

### 3. 施工要求

建筑外立面施工过程中必须严格按照设计文件和技术规范进行，确保各个部件的精确安装和整体结构的稳固性，避免施工缺陷对建筑安全和使用寿命的影响。

建筑外立面设计文件的编制和报审工作应与初步设计审查同步进行，确保设计质量和实施的准确性。施工完成后，还应进行定期维护和检查，确保其符合相关标准和要求。

## 第五节 功能与美：茶馆功能分区与内部路线设计

**知识导读**：茶馆的设计不仅关乎空间布局，更是在编织一个个关于茶、人、情的故事。茶馆内部布局应注重传统与现代元素的融合，保持自然光线的通透，营造宁静雅致的氛围。本节将介绍茶馆的功能分区与内部路线设计相关知识，探讨如何实现功能与美学的完美融合。

### 一、茶馆功能分区

在设计茶馆功能分区时，应考虑到顾客的流动性、服务的便捷性以及空间利用的合理性，创造出既美观又实用的茶馆空间。

#### （一）接待区

接待区通常位于茶馆的入口处，是顾客进入茶馆的第一印象区。此处设计需要简洁大方，突出茶文化元素，配备接待台、座椅等基础设施，保持区域的整洁和明亮。根据茶馆规模，接待区面积可灵活调整，但一般应保证有足够的空间供顾客等待和咨询。可引入智能化设备，如智能导览系统、人脸识别签到机等，在提升顾客体验的同时展现茶馆的现代科技感。

#### （二）品茶区

品茶区一般位于茶馆的核心区域，应设置在环境优雅、通风良好的位置，如靠近窗户或有自然光照射的区域。可采用可移动的隔断或家具，使品茶区能够根据顾客人数和需求灵活调整空间布局，既满足日常经营需要，又适应特殊活动场合。

品茶区设计需要注重氛围营造，引入自然景观元素，如室内水系、绿植墙等，同时布置舒适的茶桌、茶具，以及适当的照明和装饰，确保顾客在品茶时能有愉悦的体验。

品茶区面积占茶馆总面积的比例较大，可根据顾客需求将其划分为不同的区域，如散座区、包厢区等。散座区适合单人或小型聚会，包厢区则能为顾客提供更为私密的空间。

### （三）休闲区

休闲区一般设置在较为宽敞或相对安静的区域，可将休闲区与阅读区、商务洽谈区等相结合，为顾客提供多样化的休闲体验。例如，可通过设置舒适的沙发和茶几，摆放书籍杂志，配备电源插座和无线网络等方式，满足顾客的多种需求。也可邀请艺术家或手工艺人定期在休闲区展示作品或进行现场创作，为茶馆增添艺术气息，吸引更多艺术爱好者前来品茶交流。

根据实际情况，还可在休闲区一角设置儿童游乐区或亲子互动设施，如儿童绘本角、亲子手工坊等，吸引家庭顾客群体，延长顾客在茶馆的停留时间；或设置互动体验区，让顾客体验茶叶冲泡、品鉴等过程，增强顾客的参与感和体验感。

### （四）表演区

表演区一般用于举办茶艺表演、文化讲座等活动，可以设置舞台、音响设备和观众席。

### （五）销售展示区

销售展示区可设置在茶馆显眼的位置，如接待处或品茶区。传统的销售展示区一般使用展示柜、展架等设备来陈列商品，但如今越来越多的茶馆开始打破传统陈列方式，尝试采用动态展示、情景模拟等方式向顾客呈现茶叶和茶具的魅力。例如，通过模拟古代茶马古道的场景来展示茶叶的历史和文化背景；利用多媒体技术展示茶叶的生长过程、制作工艺和品鉴技巧等。

### （六）茶水房与厨房

茶水房是茶艺师准备茶叶和茶水的工作区域，需要有足够的操作空间和设备存放空间，如茶具清洗池、茶叶储藏柜等。若茶馆提供餐饮服务，则还需设置厨房，用于烹饪食物。这两个区域应合理规划布局，确保食品安全和卫生。

## （七）储藏区

储藏区通常位于茶馆的隐蔽处，应具备良好的通风和防潮条件，同时设置合理的货架和储物柜以确保茶叶和茶具的保存质量存放商品。其面积根据茶馆的存货量而定，但需确保有足够的空间来存放物品并方便取用。

## （八）卫生间

卫生间应设置在茶馆的便利位置，方便顾客使用。卫生间应保持干净整洁，设施齐全，并注重通风和照明条件。同时，可以设置一些装饰元素来提升整体文化氛围。

## （九）后勤区

后勤区包括员工休息室、办公室房等，为茶馆运营提供后勤保障。

## （十）庭院与景观区

部分茶馆还会设置庭院或景观区，为顾客提供户外品茗和休闲的空间。庭院和景观区的设计应融入自然元素，旨在营造宁静雅致的氛围。

# 二、茶馆内部路线设计

茶馆的内部路线设计是茶馆室内规划中的核心部分，它不仅关系顾客到的流动效率与体验，还直接影响茶馆的整体氛围和运营效率。

## （一）主通道设计

主通道应宽敞且直通主要功能区，便于人流快速通过，同时保持视线的通透，使顾客在行走中能欣赏到茶馆内的景致。

次通道则可以连接辅助功能区或服务设施，如洗手间、储物间等。次通道两侧可设置展示架或艺术品，但不应影响通行。走廊的灯光应柔和，营造舒适的氛围。

## （二）动线设计

根据茶馆的形状和布局，可以选择环形或直线型的动线设计。环形动线适合较大的空间，可以使顾客在游览过程中不断发现新的景致（见图 7-9）；直线型动线则适用于较小的空间，简洁明了（见图 7-10）。

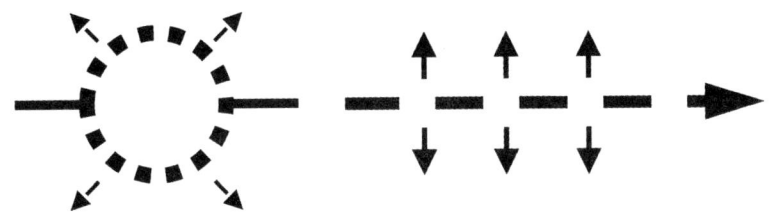

图 7-9  环形动线　　　　　图 7-10  直线型动线

### （三）服务流线设计

茶馆服务流线应与顾客流线分离，避免相互干扰，同时预留足够的空间，以便未来增设新的服务功能或调整服务流程，可采用模块化设计思想，使服务流线可以根据茶馆运营需要进行灵活调整和优化。

服务流线应设置在不易被顾客注意到的位置，如墙壁后方或屏风遮挡处。在服务区域之间也需要设计合理的回路，使服务员能够在完成一系列服务任务后顺利返回起始点，提高工作效率。

### （四）无障碍设施路线设计

考虑到不同顾客的需求，茶馆应提供无障碍设施，如坡道、电梯等，以确保所有顾客方便地享受茶馆的各项服务。在设计无障碍设施路线时，要兼顾安全性、便利性与包容性，确保残障人士、老人、妇女等需要使用该路线的顾客能独立、顺畅地通行。

### （五）紧急疏散路线设计

在设计茶馆内部路线时，还需考虑紧急疏散路线。茶馆内应设置明显的疏散指示标识和紧急出口，确保在紧急情况下顾客能够迅速撤离。

**知识链接**　茶馆设计尺寸参照

## 一、茶馆整体尺寸

小型茶馆：面积在 50 至 100 平方米，适合喜欢私密和安静的顾客，常见于社区或小型商业区。

中型茶馆：面积在100至300平方米，能够容纳更多的顾客，同时提供多种服务，如品茶、茶艺展示、轻食等。

大型茶馆或茶文化中心：面积可能超过300平方米，包括多功能区、茶艺教室、展览空间等，适合举办各种文化活动和大型聚会。

## 二、茶桌与茶椅尺寸

### 1.茶桌

方形茶桌：宽度通常为90厘米、105厘米、120厘米、135厘米、150厘米等多种规格，高度一般为33至42厘米。

长方形茶桌：小型茶桌长度为60至75厘米，宽度为45至60厘米；中型茶桌长度为120至135厘米，宽度为38至50厘米或60至75厘米；大型茶桌长度为150至180厘米，宽度为60至80厘米，高度33至42厘米。

圆形茶桌：常见的圆形茶桌的直径为75厘米、90厘米、105厘米、120厘米等，高度一般为33至42厘米。

### 2.茶椅

茶椅的高度应与茶桌相匹配，一般以略高于茶桌为宜，以便顾客舒适地坐下品茶。茶椅的宽度和深度则需根据人体工程学原理和空间确定，确保顾客能够舒适地就座。

## 三、通道尺寸

茶室内应确保有足够宽的通道供顾客和服务人员通行，主通道宽度通常不小于120厘米，服务通道或座位间的通道宽度通常不小于90厘米。

## 四、室内净高

根据建筑规范，室内空间的最低净高通常不应低于240厘米，以确保基本的舒适度。对于茶馆这类注重氛围和体验的空间，室内净高宜在270厘米至300厘米，这样的高度可以提供更加舒适的空间感受，减少压抑感。对于追求高端体验的茶馆，室内净高可以设计到350厘米以上，高挑的空间有助于营造更加宏伟和宽敞的氛围。

在设计时，还应考虑吊灯、吊顶、空调和其他设备对室内净高的影响。确保这些元素不会占用过多空间，影响茶馆的舒适度。

## 第六节　茶境营造：茶馆的照明设计、色彩搭配、绿植的选择与摆放、音乐选择

**知识导读**：茶馆的环境氛围营造，不仅追求视觉上的美感，更注重顾客在心理和情感层面的共鸣。本节将从茶馆的照明设计、色彩搭配、绿植的选择与摆放和音乐选择四个方面分析，希望能帮助设计者营造出既舒适又具有文化深度的独特氛围。

### 一、照明设计

茶馆的照明设计是一门细腻的艺术，它深刻影响着顾客的品茶体验与空间的整体美感。在此过程中，精确考量灯具种类、色温调控、亮度平衡及布局规划至关重要。茶馆灯光设计规范可能会因地区、建筑类型、设计风格等因素而有所不同。因此，在实际设计中，应参考当地建筑照明设计标准、行业规范以及专业设计师的建议，结合茶馆的实际情况进行综合考虑，确保设计方案既符合技术要求，又能充分展现茶馆的文化韵味与独特魅力。

#### （一）灯具选择

**1. 筒灯或吸顶灯**

筒灯或吸顶灯防眩效果良好，整体亮度均匀且柔和，不刺眼。以营造温馨舒适的光环境并增加视觉上的温暖感。

**2. 艺术吊灯**

艺术吊灯适用于茶馆的公共区域或大厅，常见的有中式灯笼和藤编灯，其柔和光线可照亮整个空间，营造温馨舒适的氛围。

**3. 灯带和格栅灯**

灯带可增加上层空间的层次感，座位上方宜配置小角度格栅灯，以弱化空间内的明暗对比度。

**4. 壁灯、台灯和落地灯**

壁灯、台灯和落地灯通常用于照射茶具展示柜、品茶台等地方。造型独特、温馨别致的壁灯、台灯和落地灯能够突显茶馆的特色和个性，在提供辅助照明的

同时，加强空间的立体感。

### 5. 射灯

射灯适用于局部照明，用于强调茶桌、字画、植物摆件、装饰品等重点装饰区域，增强空间的层次感，突出茶文化氛围。其中小角度射灯有助于突出艺术品或装饰品，制造层次分明的光影效果。通过调整射灯的照度比，如1:3或1:5，可以强化空间的明暗对比，营造格调十足的光环境（见图7-11）。

### （二）色温调整

茶馆通常追求一种暖适、安静祥和的氛围，因此在灯光设计上，宜采用柔和的暖色系光源，特别是色温范围在2700至3500开尔文之间的暖白光。这种光线不

图7-11 茶馆灯具示例

仅柔和温馨，能够有效舒缓情绪，促进心灵的放松与愉悦，还能根据具体需求灵活调整：低色温（如2700开尔文）倾向于营造更为亲密与温馨的氛围，而将色温适当提高至3500开尔文则更为明亮和现代。茶馆可安装调光系统，以便根据时间、活动以及客人需求灵活调整光线的亮度和色温，详见表7-5。

表 7-5 色温区间特点与适用场景

| 色温区间 | 特点 | 适用场景 |
| --- | --- | --- |
| 2700 至 3200 开尔文 | 光色偏红，给人以温暖之感 | 常用于营造温馨、舒适的氛围，如家庭、餐厅等场所 |
| 3200 至 5000 开尔文 | 光色暖白，也被称为"自然色" | 适用于需要自然光照效果的场所，如办公室、图书馆等 |
| 5000 至 6500 开尔文 | 白光，人在此色调下无特别明显的视觉心理效应，有爽快之感，也被称为"中性"色温 | 给人以明亮、清爽的感觉，常用于超市、医院等公共场所 |
| 大于 6500 开尔文 | 冷光，光色偏蓝 | 一般用于户外路灯、厂房 |

### （三）照度控制

茶馆整个区域内应当照明均匀，避免左明右暗或东明西暗的情况。整体照度可以通过调节灯管数量或使用智能照明系统来控制。茶馆亮度上不宜过高，以免造成视觉疲劳，影响品茗的氛围，一般建议将平均照度控制在 150 勒克斯左右。在茶桌、茶具展示区等重点区域应提高照度，以确保顾客能够清晰地看到物品。茶桌上的照度通常要达到较高的数值（如 450 勒克斯），而其他区域则可以适当降低照度以营造明暗对比效果。

### （四）显色度与眩光控制

灯具的显色度是衡量光源对物体颜色还原能力的指标。显色度越高，光源对物体颜色的还原能力越强，人眼看到的物体颜色越真实。在茶馆中，建议选择显色度大于 90 的灯具，以确保茶具、茶叶等物品的颜色能真实呈现。同时，在布置灯具时，应注意调整灯光的照射角度和强度，以减少眩光对顾客的影响。

### （五）其他注意事项

茶馆应充分利用自然光，通过恰当的窗户设计和透光材料，让自然光在白天成为主要光源，同时再用灯光做补充，以达到节能和营造自然氛围的效果。

在选择灯具时，首先应确保所选灯具符合国家相关安全标准，以避免安全隐患。其次要考虑其能效和环保性能，优先选用 LED 等高效节能灯具。最后，应优先选择易于维护和清洁的灯具,以减少后期维护成本。

## 二、色彩搭配

背景色作为茶馆的基础色,一般选用柔和而明亮的浅色调,如白色、米黄色等,以奠定安静、优美的氛围基础。

主体色指的是房间内主要家具和陈设物品的颜色,如沙发、桌椅等。主体色应与背景色协调,茶馆通常追求自然、宁静的氛围,因此宜选择自然色为主体色,如原木色、米色、浅灰色等,以营造轻松、舒适的环境。家具和陈设物品材质的选择也会影响色彩的表现,如木质元素会给人带来温暖自然的感觉,适合中式风格的茶馆;金属或玻璃元素则会带来现代和冷静的感觉,适合现代风格的茶馆。

点缀色是指室内较小物件的颜色,如灯具、艺术品、靠垫等。点缀色宜选用与背景色对比强烈的颜色,用来打破单调感、调节气氛。

对于追求传统氛围的茶馆,可以选用较为深沉、内敛的色彩,如棕色、暗红色等,营造出古色古香、典雅庄重的氛围。这些色彩能够让人联想到茶文化的悠久历史和深厚底蕴。

对于注重休闲放松的现代茶馆,可以选用明亮、柔和的色彩,如米色、浅灰色等,营造出轻松愉悦、温馨舒适的氛围。同时,也可以适当加入一些鲜艳的色彩作为点缀,增加空间的活力感。

对于具有特定主题的茶馆(如日式茶馆、禅意茶馆等),则需要根据主题特色来选择合适的色彩基调。例如,日式茶馆可以选用米白、淡木色等自然色调,以营造出简约、清新的氛围;禅意茶馆则可以选用灰色、黑色等冷静色调,以强调内心的平静与冥想。

## 三、绿植的选择与摆放

茶馆内绿植的选择和摆放需要考虑多种因素,从植物本身的特性到环境条件的适配,再到与整个空间的协调性。通过合理选择和科学养护,绿植不仅能美化茶馆环境,还能提升空气质量和顾客体验,是茶馆不可或缺的一部分。

### (一)绿植的选择标准

#### 1. 符合茶馆氛围

宜选择文雅、清新、自然的植物,与茶馆的整体氛围相协调。如文竹、菖蒲、青苔、铜钱草、碗莲等，这些植物不仅美观，还能增添茶馆的雅致气息。

### 2. 易于养护

考虑到茶馆的营业性质，应选择易于养护、生命力顽强的植物，以减少维护成本，如吊兰、绿萝等。这些植物不仅美观，而且养护简单。

### 3. 寓意美好

某些植物带有美好寓意，如梅花象征高洁、兰花象征君子之风等。可以根据茶馆的主题和风格选择适合的植物。

### 4. 具有多样性

为了避免单调，可以选择多种类型的绿植进行搭配。如观叶植物、观花植物、观果植物等，以丰富茶馆的植物景观。通过不同高度、形态和颜色的绿植组合，可以营造出丰富的空间层次感，这种层次感不仅能够使茶馆的空间布局更加合理、有序，还能够引导顾客的视线流动（见图7-12）。

茶桌上布置小型盆栽

使用不同高度和形态的植物丰富空间

通过植物烘托茶馆氛围

图 7-12　绿植摆放示例

### （二）绿植的摆放原则

应根据茶馆的空间大小和布局，摆放合适的植物，避免植物过多过高遮挡视线或过低过少显得空旷。一般来说，每个区域可以摆放 1 至 2 盆主要绿植，再辅以一些小型盆栽或插花进行点缀。茶桌上的小型盆栽高度以不超过 30 厘米为宜，而大型绿植则应放置在角落或靠墙位置，注意植物与家具、装饰品的搭配关系，避免相互干扰或遮挡。定期检查植物的生长状况，及时修剪、浇水、施肥等。对于枯萎或生长不良的植物要及时更换，以保持茶馆的植物景观良好的状态。

## 四、音乐选择

茶馆音乐的选择应该有助于营造一种宁静、和谐的氛围，使品茶者能够放松心情，享受品茗的乐趣，以下是茶馆音乐选择的要点。

### (一)与茶馆氛围相协调

音乐风格应与茶馆的整体氛围相契合,如古典、雅致、宁静等,避免选择过于喧嚣或刺激的音乐。可以根据茶馆的装修风格、目标客户群体以及想要营造的氛围来选择合适的音乐。

### (二)提升文化品位

茶馆音乐可以融入传统文化元素,如古筝、琵琶、笛子等民族乐器演奏的曲目,以提升茶馆的文化品位和格调。也可以选择一些具有现代感的轻音乐或爵士乐等,以满足不同茶客的审美需求。同时,应根据茶馆的主题和季节变化进行曲目调整,以增加茶馆的趣味性和新鲜感。

### (三)避免干扰交谈

茶馆是品茶和交流的场所,音乐的音量应适中,避免干扰茶客之间的交谈,一般以不高于40分贝为宜,以营造一个轻松愉悦而不显嘈杂的背景音环境。在茶馆的不同区域可根据功能差异适当调整音量,如静谧区域可适当调低音量,而活动区可适当提高音量。

### (四)满足顾客心理需求

音乐的播放应与茶馆的营业时间相匹配,可在营业前开始播放,以营造迎接客人的氛围,在打烊时逐渐降低音量直至关闭。考虑到不同时间段顾客的心理需求,下午时段可播放一些助于放松的音乐,而在傍晚则可选择稍微活跃的旋律。

此外,控制音乐时长也很重要,一般选择时长不少于3分钟的曲目,避免顾客的听觉疲劳。应优选那些开头和结尾平滑过渡的作品,减少因曲目切换而带来的突兀感。

### (五)保证音质良好

宜选择高保真音响系统,确保音乐播放时声音清晰、真实,无杂音干扰,为顾客提供较佳的听觉享受。音响布局要合理,保证声音均匀覆盖,避免出现音量死角或过度集中的区域。可使用智能播放系统,如定时播放器或智能音箱,实现音乐播放的自动化和智能化。

> **知识链接** 心理学在茶馆设计中的应用

**色彩心理学:** 色彩对人的情绪和行为有着显著的影响。在茶馆设计中,合理的色彩搭配可以营造出不同的氛围,影响顾客的心情和体验。例如,暖色调(如黄色、橙色)可以营造出舒适和温馨的感觉,而冷色调(如蓝色、绿色)则可以带来平静和放松的效果。设计师可以根据茶馆的定位和目标顾客群体来选择合适的色彩方案。

**环境心理学：** 环境心理学致力研究人与环境的相互作用。在茶馆设计中，环境心理学可以帮助设计师理解顾客在空间中的行为模式和心理需求，从而创造出既美观又实用，能够激发顾客积极情绪的空间。例如，通过合理的空间布局、光线设计和材料选择，可以增强茶馆的舒适度和私密性，提升顾客的满意度。

**消费心理学：** 消费心理学关注消费者的需求、动机和行为。在茶馆设计中，设计师可以通过对消费心理学的理解，创造出能够吸引顾客并促进消费的环境。例如，通过突出空间主题、营造独特的环境氛围以及提供超出消费者心理预期的产品和服务，来提升茶馆的竞争力和品牌形象。

## 学习目标

1. 能够分析市场环境，识别目标消费群体。
2. 掌握市场调研方法，能收集并分析相关数据。
3. 了解茶馆注册登记的流程。
4. 能够根据茶馆的功能需求和顾客行为模式，合理规划空间布局。
5. 了解茶馆氛围营造的基本原理和技巧。

## 课堂讨论

1. 新型茶馆的核心竞争力是什么？如何通过设计与服务体现这一竞争力？
2. 选址对于新型茶馆的重要性体现在哪些方面？请结合具体的案例讨论分析。
3. 在新型茶馆的产品选择上，应如何平衡传统与创新？
4. 如何制定有效的营销策略，吸引并留住新型茶馆的目标客户？
5. 面对市场变化和竞争压力，新型茶馆应如何进行持续创新和发展？
6. 如何在新型茶馆的室内设计中融入传统文化元素，同时又不失现代感？
7. 在新型茶馆设计中如何选择合适的色彩搭配方案，以营造出温馨、雅致或宁静的氛围？
8. 不同材质（如木材、石材、竹材、布艺等）的质感和视觉效果如何影响茶馆的整体风格和氛围，如何在设计中合理运用这些材料？

### 课后思考与作业

1. 实地考察所在地的新型茶馆,收集数据并撰写调研报告,分析市场趋势、竞争对手及潜在机会。

2. 根据茶馆的定位和目标客户群,设计一套具有特色的茶叶和茶点组合,介绍产品名称、原料、制作工艺及卖点等。

3. 结合市场环境和客户需求,制定一份详细的茶馆开业促销方案,包括活动主题、优惠政策、宣传渠道等。

4. 通过实地考察或网络资料收集,选择一家具有代表性的新型茶馆,对其室内外设计进行深入分析,总结其成功经验和不足之处,并提出改进建议。

5. 根据课堂所学内容,结合个人创意,绘制一张新型茶馆的室内设计方案草图。

# 第八章
## 经营智慧:茶馆的管理与运营

## 第一节　形象定位：茶馆品牌的塑造、传播与维护

**知识导读**：本节将探讨如何通过开展行之有效的品牌塑造、传播与维护，扩大茶馆品牌的知名度和影响力。

### 一、茶馆品牌的塑造

#### （一）品牌定位

首先，茶馆需要明确自己的目标消费群体，并深入理解他们的消费习惯、喜好及需求，然后根据目标市场的特点确定茶馆的品牌特色。与此同时，要充分了解同行业其他品牌的定位与特点，从而确立自身的差异化优势，例如，独具特色的茶饮配方、别具一格的环境设计以及卓越的服务体验等。选址策略也需与品牌定位相协调，确保能够吸引并满足目标顾客，反映品牌理念。

#### （二）品牌设计

**1. 品牌故事与品牌文化**

品牌故事是传达品牌核心价值、历史传承、使命愿景以及与消费者建立情感联系的一种叙事方式。它通过富有情感色彩和吸引力的故事讲述，将品牌的理念、发展、产品特性和社会责任等要素融为一体，使品牌形象更加生动、具体和情感化。一个引人入胜的品牌故事能够激发消费者的共鸣，增强品牌的记忆点和认同感，从而在市场中脱颖而出。

品牌故事可以围绕创始人的创业经历、品牌的历史传承、对社会的积极贡献、产品的创新特色、独特的个性以及企业的社会责任等多个维度展开。故事的情节应设计得跌宕起伏、引人入胜，并巧妙地融入品牌的标志、口号和产品特性等识别元素，使品牌故事更加生动具体。同时，品牌故事也应不断根据消费者反馈和传播效果进行调整和完善，以保持其新鲜感和吸引力。

品牌文化指的是品牌深层次的价值体系，包括价值观、信仰、行为模式、视觉形象和风格等多元要素。品牌文化的核心在于品牌所坚持的理念和价值观，如诚信、创新和卓越品质，这些构成了品牌文化的基石。品牌文化还体现在品牌所倡导的社会信念和环保责任上，能够彰显企业的社会责任感和道德追求。

塑造品牌文化需要从企业内部做起，通过加强员工的品牌意识和价值观教

育，建立共同的品牌信仰和行为准则。同时，企业需要不断提升产品品质和服务水平，以卓越的产品体验和服务质量作为品牌文化的有力支撑，使品牌文化在消费者心中扎根，形成深厚的品牌认同和忠诚度。通过这些努力，品牌文化将成为品牌持续发展和市场竞争力的重要保障。

### 2. 视觉识别系统

茶馆的视觉识别系统（Visual Identity System，VIS）应充分体现茶馆的文化内涵、特色和品牌形象，通过统一的视觉符号系统，对外传达茶馆的经营理念、企业文化、企业价值观等信息，塑造茶馆独特的形象，使公众对茶馆产生认同感。

### 3. 空间与环境设计

茶馆的空间布局、装修风格、色彩搭配等应与品牌定位相符，同时选择适合的音乐和香氛来增强顾客的体验感。

### 4. 茶具与用品设计

茶具和用品的设计应成套系，并印有茶馆的标识，以提升茶馆品牌的完整性和识别度。

### 5. 包装和宣传物料

所有的包装以及宣传物料必须严格遵守当地法律法规，并与品牌的视觉识别系统高度一致。在包装设计方面，应着重考虑实用性，确保便于携带、能够轻松打开且可重新封闭，并优先选用可持续材料且采用环保印刷技术。除了包装，还需充分考虑数字宣传物料的设计，如网站、电子邮件模板以及社交媒体图像等。

## （三）品牌构成

### 1. 产品与服务

茶馆应确保提供品质上乘的茶叶，从源头把控茶叶的质量，采购采用科学的种植、采摘和加工方法制成的茶叶，完好保存，确保其新鲜度、香气和口感。同时，加强产品包装和设计，提升产品的附加值。在茶具选择方面，应挑选美观实用的茶具，提升顾客的品茶体验，还可提供定制茶具服务，以满足顾客的个性化需求。茶点搭配上，宜根据茶叶种类和季节推出合适的茶点。

茶馆的服务质量同样重要，员工应在上岗前接受专业培训，掌握茶叶基本知识和服务技巧。同时，针对茶艺师需开展单独培训，提升其专业技能，端正服务态度，为顾客提供优质茶艺表演和服务。

### 2. 氛围与环境

在茶馆的设计与运营中，营造优雅、舒适且宁静的氛围至关重要。为了满足不同顾客群体的需求，茶馆应精心规划空间布局，提供多样化的选择，如设置宽敞舒适的座位区域、独立私密的包间以及雅致的特座，以确保顾客都能找到心仪的休憩之地。也可通过气味管理和温度调节，营造温馨氛围，茶馆内的灯光需柔和而富有层次，以营造温馨而不失格调的氛围。

茶馆还应注意细节，为顾客提供免费、高速的无线网络服务，以及便捷的手机充电设施，增设舒适的抱枕、毛毯等辅助用品，进一步增强顾客的体验感，提升顾客满意度。

此外，卫生与安全是茶馆运营不可忽视的重要环节。应建立严格的清洁与消毒制度，定期对茶馆进行全面清洁，确保环境整洁、空气清新、设施无菌，为顾客提供一个安心、健康的消费环境。

### 3. 文化活动

茶馆作为传统与现代文化交融的场所，开展文化活动不仅能够提升顾客的消费体验，还能增强自身的文化氛围和吸引力。茶馆的活动主要包括茶艺表演、茶具鉴赏、茶艺体验课程、茶文化讲座和戏曲、书法诗词朗诵等，旨在传播茶文化，吸引顾客。

## 二、茶馆品牌的传播

### （一）线上传播

为了全方位提升顾客的消费体验并扩大品牌影响力，茶馆可采取多元化的线上传播策略进行品牌市场推广。首先，建立官方网站作为品牌的核心展示平台，全面展现茶馆的品牌形象、茶叶产品、服务项目以及文化活动，还可以提供在线预订等功能，方便顾客消费。

其次，充分利用社交媒体的力量，通过微信、微博、抖音等热门网络媒体平台，定期发布茶馆的最新资讯、产品亮点、文化活动预告等信息，保持与消费者的紧密互动。举办创意互动活动或设置抽奖环节，有效激发顾客的参与热情，鼓励他们分享个人的消费体验至社交平台，借助口碑效应扩大品牌影响力。

再次，茶馆应积极寻求跨界合作机会，与文化名人、艺术机构或其他相关行业携手举办特色线上活动，如艺术展览、文化沙龙等，不仅能丰富茶馆的文化内涵，也能拓宽品牌的传播渠道，从而吸引更多潜在顾客的关注。

最后，茶馆应通过搜索引擎、社交媒体、旅游网站等平台的精准投放，结合搜索引擎优化（Search Engine Optimization，SEO）和搜索引擎营销（Search Engine Marketing，SEM）策略，有效提升茶馆的搜索排名与曝光率，确保品牌信息能够精准触达目标受众，进一步巩固并扩大市场份额。

### （二）线下传播

线下传播是茶馆吸引顾客的第一步，通过精心设计的宣传海报、展示架及菜单，在店面门口、橱窗及内部显著位置展示茶馆的品牌形象、特色产品与服务。结合优惠活动、新品推荐等吸引元素，有效激发顾客的兴趣与购买欲望。

同时，茶馆可定期举办各类文化活动、促销活动等，不仅能为顾客带来丰富的体验，还能通过活动本身的吸引力聚集人气。此外，与当地企业、机构合作共同举办活动，能够进一步拓宽品牌传播范围，增强品牌影响力。

茶馆还可利用报纸、杂志等传统纸媒进行广告宣传，通过媒体平台扩大品牌的知名度和曝光率，进一步巩固品牌在市场中的地位。

## 三、茶馆品牌的维护

### （一）品牌监测与策略评估

茶馆应当持续关注品牌视觉形象的设计与维护，确保在公众心目中呈现鲜明且积极的形象。可定期借助市场调研、销售数据分析以及顾客反馈等多种途径，对营销策略的有效性进行全面评估。

### （二）打击假冒伪劣

对于市场上出现的假冒伪劣产品，茶馆应积极采取措施进行打击和维权。通过法律手段维护自身的合法权益和品牌声誉。

> **知识链接** 视觉识别系统

视觉识别系统对于茶馆品牌塑造至关重要,以下是其具体规范。

## 一、标识

标识应当简洁易记,避免采用过于复杂的图案与线条。要确保在不同尺寸以及各类媒介上都能够保持清晰可辨,适用于印刷品、电子屏幕、招牌等多种载体。

尺寸比例:明确标识在不同应用场景下的尺寸比例,确保标识的比例协调。

最小尺寸:规定标识的最小使用尺寸,以保证标志的清晰度。

色彩规范:确定标识的标准色彩、辅助色彩以及在不同背景下的色彩应用规范。

禁止变形:严格禁止对标识进行拉伸、扭曲、变形等不当处理。

## 二、标准字

标准字的字体需清晰易读,避免选用过于花哨或难以辨认的类型。要确保在不同尺寸以及各类媒介上都能保持清晰可读。可以考虑选择具有文化内涵的字体,例如书法字体、篆体等,增强品牌的文化氛围。

字体组合:明确品牌名称、口号等文字的字体组合方式,保持整体风格的一致性。

字号规范:规定不同应用场景下的字号大小,确保文字的可读性和视觉效果。

色彩规范:确定文字的标准色彩、辅助色彩以及在不同背景下的色彩应用规范。

## 三、标准色

色彩选择应能够引发消费者的情感共鸣,增强品牌的吸引力。标准色和辅助色彩的搭配方案应当和谐统一,同时在不同环境和媒介上都具有较高的可识别性。

色彩比例:明确标准色和辅助色彩在不同应用场景下的使用比例。

色彩搭配:规定色彩的搭配原则,避免出现不协调的色彩组合。

色彩印刷:确定色彩在印刷品上的印刷规范,保证色彩的准确性。

## 四、辅助图形

辅助图形应与标识紧密关联,发挥补充及强化品牌形象的作用。可设计多种辅助图形,以满足不同应用场景的需求。辅助图形需简洁易记,避免图案过于复杂，且在不同尺寸和媒介上都能保持良好的视觉效果。

应用场景：明确辅助图形的应用场景，如包装、宣传资料、店面装饰等。

组合方式：规定辅助图形与标识、标准字的组合方式，保持整体风格的一致性。

色彩规范：确定辅助图形的色彩规范，与标准色相协调。

### 五、应用系统

办公用品：包括名片、信纸、信封、文件夹、笔记本等，应统一使用品牌的标识、标准字、标准色和辅助图形，体现品牌的专业性和统一性。

宣传资料：如海报、传单、宣传册等，设计应简洁大方，突出品牌的特色和优势，吸引消费者的关注。

店面装饰：包括招牌、橱窗、店内布置等，应根据品牌的视觉形象进行设计，营造出舒适、优雅的消费环境。

包装设计：茶叶包装、茶点包装等应注重设计感和品质感，体现品牌的高端定位。

员工服饰：员工的服装应统一设计，体现品牌的形象和文化内涵。

交通工具：如送货车、班车等，可以贴上品牌的标识和宣传语，提高品牌的曝光度。

## 第二节　线下运营：实体店管理的精细之道

**知识导读**：茶馆实体店运营是指通过一系列有计划、有组织的活动，来实现茶馆的正常运转、提升服务品质、增强顾客体验，并最终达到盈利目的的过程。

茶馆实体店的管理意义重大。本节将围绕茶馆服务管理、产品管理、客户关系管理、员工管理、财务管理和风险管理，探讨茶馆实体店运营可持续发展之道。

### 一、服务管理

茶馆服务是一个综合性的体验过程，涵盖了从顾客进门到离开的每一个环节。对于茶馆的服务管理需要注重以下方面：

### (一)专业茶艺服务

茶馆要求茶艺师展开培训,使其具备专业的茶艺技能和知识,能够为顾客展示精彩的茶艺表演,同时准确介绍不同茶叶的特点、功效和冲泡方法。在服务环节,茶艺师要注重礼仪,动作优雅、得体,为顾客营造高雅的品茶氛围。

### (二)个性化服务

茶馆应了解顾客的特殊需求和喜好,为其提供个性化的服务。例如,根据顾客的口味推荐适合的茶叶,或者为有特殊要求的顾客定制专属的品茶方案。对于常客,可以记录他们的偏好,以便在下次光顾时为其提供更加贴心的服务。对于有特殊需求的顾客如老年人、儿童、残疾人等,茶馆应提供必要的帮助和便利设施,如轮椅通道、儿童座椅等。

### (三)优质客户服务

茶馆服务人员应保持整洁的仪表,穿着干净、整洁的制服。女性员工需化淡妆,扎起长发,穿戴整齐;男性员工则应注意胡须和发型。工作时不吸烟、不喝酒、不吃零食,保持良好的个人卫生。在为顾客服务时,手势应正确、优美、自然,符合规范。同时,应注意尊重顾客的风俗习惯和宗教信仰,避免引起顾客的反感或误会。详见表9-10。

表9-1 茶馆优质客户服务内容及具体工作

| 服务内容 | 具体工作 |
| --- | --- |
| 迎宾待客 | 使用亲切的问候语迎接顾客,走在顾客的右前方约1至1.5米处,通过手势引导顾客到合适的座位,并根据需要加减座位。根据情况,确定是否为顾客拉椅让座,拉椅时应当避免发出异响 |
| 点茶服务 | 如果顾客使用茶谱,需要双手呈上,并在顾客右后方进行操作,以示尊重。在推销茶叶时,应从高等茶到低等茶进行介绍。注意问清所点茶品的特殊要求,并复述顾客所点的茶品以确认。如果顾客使用智能点单系统,则需积极回应咨询并打印纸质单据确认茶品 |
| 泡茶与上茶 | 泡茶前应检查茶具干净度及完好度,在送给顾客之前,确保茶水无杂物,并加到八分满(一般与茶杯把手上方平行)。服务人员应正确递送茶水,报出茶名,茶水杯尽量放在靠顾客的右边,茶杯把手朝向顾客的右边。如果有顾客的投诉和建议,需马上处理,耐心解决顾客的问题 |

| | |
|---|---|
| 上香巾小吃 | 应遵循先客人后主人、先女士后男士、先老人后小孩的原则，并确保位置摆放标准。在提供香巾和小吃时，应使用礼貌的语言和手势 |
| 间隙服务 | 服务人员应保持良好的巡台习惯，在顾客饮茶过程中，应适时为顾客加水，保持茶水八分满以下；同时，根据烟缸内烟蒂的数量及时更换烟缸。在更换烟缸时，应带工作巾擦拭台面卫生，确保烟灰处理彻底，并带走空的烟盒、扑克盒、空小吃碟等不需要的物品 |
| 买单与送客 | 在顾客提出买单时，应迅速回应并为其打单并解释消费明细，告知顾客原价和折后价，避免顾客产生消费疑虑。可礼貌征询顾客的意见或建议，并记录在本上以便及时改进。最后根据情况赠送顾客伴手礼以表感谢，并询问是否需要停车票 |

### （四）良好环境服务

服务人员应保持茶馆环境的整洁、舒适和宁静。通过定期清洁桌椅、茶具，更换花卉绿植，营造出宜人的品茶环境。此外，要注意控制室内温度、湿度和光线，确保顾客在舒适的环境中品茶。

## 二、产品管理

### （一）库存管理

茶馆应建立科学的库存管理制度，包括茶叶的保存、保鲜、使用周期等方面的规定和流程，合理控制茶叶、茶具和茶点的库存水平。定期盘点库存，确保库存准确无误，避免浪费和降低成本。根据销售情况和市场需求，及时调整库存结构，避免积压或缺货。

### （二）质量管理

茶馆应严格把控茶叶品质，从采购环节入手，挑选正规供应商，以确保茶叶的质量。同时，对茶具和茶点进行质量检查，保证其符合安全标准和品质要求。应建立质量反馈机制，及时处理顾客对产品质量的投诉与建议。此外，茶馆的设施设备如净水设备、消毒柜、开水机、空调、音响等应定期进行维护和保养工作，确保设施设备的正常运转，延长其使用寿命。

## 三、客户关系管理

首先，要建立客户数据库，通过收集顾客的基本信息、消费习惯、偏好等数据，为后续的个性化服务和精准营销打下基础。在顾客首次消费时，应鼓励其注册会员，同时利用茶馆收银系统或软件，自动化地记录顾客的每一次消费记录，包括消费时间、消费金额、购买的茶叶和茶点种类等。通过对搜集到的数据进行整理和分析，形成顾客的用户画像，以便更深入地了解顾客需求。再通过专属活动、生日礼遇、节日关怀等方式，增强顾客的归属感和忠诚度。

其次，要通过会员制度、积分奖励等方式维护老客户，提高客户忠诚度。可设立不同等级的会员体系，每个等级享有不同的权益和优惠，明确会员升级的条件和标准，如消费金额累计、会员时长等，激励会员提升等级。积分奖励指顾客每消费一定金额便可获得相应积分，积分可用于兑换茶叶、茶点、优惠券等实物或虚拟奖励，增加顾客的回头率和消费频率。建议茶馆设立积分兑换专区或线上积分兑换平台，方便顾客随时查看积分余额和兑换奖励。

同时，可在茶馆内设置顾客意见箱或在线反馈渠道，定期向会员发送满意度调查问卷，对搜集到的反馈意见进行整理和分析，明确改进的方向和措施，及时向顾客通报改进成果。

茶馆可以定期举办茶艺讲座、茶文化活动等，增强与顾客之间的互动和联系。活动前需要通过社交媒体、茶馆官网或会员邮件等方式，提前发布活动信息并邀请顾客参与。

## 四、员工管理

茶馆应招聘兼具专业素质与服务意识的员工，同时建立健全的员工管理体系，该体系应涵盖招聘选拔、系统培训、绩效考核以及激励机制等多个维度，确保员工发展路径清晰，激励措施得当。此外，还需要加强团队建设，营造积极向上、和谐共进的工作氛围，增强员工的归属感与忠诚度。

## 五、财务管理

首先，茶馆要实施精细化的成本控制，通过优化原材料采购、提升能源使用效率和合理规划人力资源等措施，降低运营成本。其次，应根据茶叶的品质、市场动态和竞争状况，制定灵活且具有竞争力的定价策略，确保收入的稳定增长。

同时，应通过有效的资金规划和投资决策，合理安排资金的使用，降低资金成本并提高资金使用效率。此外，茶馆要建立一个科学的财务管理系统，确保日常开支得到有效监控，收入和支出得到准确记录，并通过定期的财务报表来确认茶馆的财务状况。最后，鼓励财务人员积极参与经营决策，利用他们的专业优势为茶馆的财务管理和战略规划提供支持，从而实现财务和运营的协同优化。

## 六、风险管理

茶馆作为人员密集的公共场所，面临多种潜在风险，如火灾、食品安全问题、顾客冲突等，需通过系统化管理降低风险及损失。茶馆要针对可能出现的风险，制定应对突发事件的预案，以保护顾客安全与品牌形象。

**知识链接** 茶馆突发事件的应急方法

茶馆服务与管理中会遇到多种突发事件。为了应对这些并保障顾客和员工的安全与利益，茶馆管理者和服务人员需要具备灵活的应变能力和高度的专业素养，并根据情况制定相应的应急预案和措施。

### 一、顾客出现过敏反应

当顾客在饮用茶水或食用茶点后出现过敏反应，如皮肤瘙痒、呼吸困难时，茶馆服务人员应将过敏顾客迅速带离过敏原，并安置在通风良好的区域。根据顾客过敏症状的严重程度，决定是否拨打急救电话并等待医护人员到来。同时，茶馆应备有基本的急救设备和药物，如抗过敏药物、氧气袋等。保持冷静，安抚顾客情绪，避免加重其心理负担。详细记录过敏事件的过程和顾客信息，以便后续追踪和处理。同时，将事件反馈给供应商和相关部门，以便查明过敏原并采取措施防止类似情况再次发生。

### 二、突发冲突或纠纷

面对茶馆内顾客之间或顾客与工作人员的冲突与纠纷，茶馆服务人员应迅速介入，确保所有人的安全，有效制止任何暴力或激进行为的升级。

在介入后，需以公正、客观且耐心的态度倾听双方陈述，全面了解事情的来龙去脉。随后，运用沟通技巧与调解策略，引导双方以理性、平和的方式表达各自的诉求与不满，促进相互理解与尊重。

若冲突复杂难以当场解决，应明确告知双方，茶馆是一个和谐共处的场所，不鼓励任何形式的争执与对抗。同时建议他们通过合法途径，如协商、调解或法律诉讼等方式，寻求更为妥善的解决方案。

在整个处理过程中，茶馆服务人员需始终保持现场及周边区域的安全与秩序，防止事态进一步恶化或扩大影响。此外，冲突解决后，服务人员还应总结经验教训，不断优化茶馆的冲突预防与解决机制。

### 三、突然停电或照明设备故障

茶馆突然遭遇停电或者照明设备出现故障时，应立刻启用茶馆内的应急照明设备，确保顾客和员工的基本能见度。向顾客解释停电或设备故障的原因，并表达歉意。同时，提供必要的替代服务（如手工泡茶、蜡烛照明等）以缓解顾客的不满情绪。

空调、音响及其他设备出现故障，应当即联系专业维修人员进行抢修，并评估故障对茶馆运营的影响程度。在等待维修人员到来之前，可以根据茶馆的实际情况，使用电风扇等临时设备来为顾客提供舒适的环境。加强茶馆设备的日常维护和检查，减少突发故障的可能性。同时，制定应急预案以应对类似情况的发生。

### 四、发生紧急事件

茶馆内发生火灾、地震等紧急事件，应立即拨打报警电话并启动茶馆的紧急疏散预案，按照预定的疏散路线和顺序引导顾客和员工有序撤离至安全地带。同时，注意保持镇静和稳定情绪以避免恐慌和混乱。在疏散完成后进行安全检查以确认无遗漏人员并评估损失情况，同时协助相关部门进行后续处理和善后工作。

## 第三节　融合创新：网店运营相关知识

**知识导读**：将传统茶馆文化与现代电商技术巧妙结合，不仅能优化顾客体验，还能在守护茶馆文化韵味的同时推动茶馆蓬勃发展。本节将简要介绍网店运营相关知识，如网店开设流程、网店人员配置以及相关法律法规，为茶馆经营者提供思路，带领其体验线上线下融合的魅力。

网店相较于实体店，在运营成本和覆盖范围上具有显著优势。网店无需承担高昂的租金、水电费和装修费用，人力成本也相对较低，这使得网店能够以更具竞争力的价格销售茶叶及其他产品，吸引更多消费者。同时，网店不受地域限制，可以面向全国甚至全球的消费者，这种广泛的覆盖范围极大地扩展了潜在客户的数量，有助于提高销售额。

然而，网店在购物体验和社交互动方面相对有限，消费者无法直接触摸和品尝茶叶，也缺乏面对面的交流机会。因此，线上线下融合的全渠道零售模式将成为新的趋势，消费者可以在实体店体验产品后在线上下单，或在线上浏览、比较产品后前往实体店提货，提升购物便利性和满意度。

## 一、网店开设流程

### （一）注册账号与开店

首先，在电商平台（如淘宝、京东等）注册账号并登录。然后，进入卖家中心或商家入驻页面，选择开店类型（个人店铺或企业店铺）。接着，提交相关证件和信息进行实名认证和店铺认证。完成上诉步骤后，平台会对申请进行审核，审核时间根据平台的不同而有所差异。一般来说，审核时间可能在几小时到几天不等。

### （二）寻找货源与选品

与实体茶馆相比，网店在销售茶叶和茶具时，应专注于提供便于快速配送且适应顾客即时需求的产品，如便于携带的茶包、速溶茶饮，以及设计易于打包和运输的茶具套装，等等，以降低物流过程中损坏的风险。此外，网店可以充分发挥其平台的灵活性，提供定制化的茶叶礼盒和个性化刻字茶具等特色服务，以满足顾客对个性化和专属感的追求。

### （三）上传商品与店铺装修

为了提供舒适的购物体验，网店的页面布局应追求清新、简洁的风格，避免过多复杂的设计元素，确保顾客的视线能够自然地聚焦商品本身。在色彩选择上，应与产品定位相匹配，保持整体色彩的和谐与平衡，以增强视觉的舒适度和审美感。

同时，网店的设计需要考虑到跨设备的兼容性，确保无论是在手机、平板还是电脑上，页面都能以良好的布局和显示效果呈现，从而满足不同顾客的浏览习惯。此外，优化页面的加载速度是提升用户体验的关键，快速响应的页面能够减少顾客的等待时间，提高满意度和转化率。

为了提升用户体验和增加转化率,网店的商品分类与导航栏设计必须清晰合理。商品可以通过种类、用途或目标用户等逻辑进行分类,如"新品上市""热销排行"和"按功能分类"等,以简化顾客的购物流程。此外,平台应提供一个高效的搜索功能,支持通过关键词、品牌、价格区间等多种方式进行搜索,以便顾客能够迅速找到所需商品。

导航栏的设计应直观且易于理解,主要包含"首页""商品分类""购物车"和"用户中心"等关键入口,确保顾客可以轻松地浏览和导航至他们感兴趣的页面。同时,为了方便顾客咨询和解决疑问,应提供一个便捷的客服入口,以增强顾客的信任感和满意度。

在上传商品信息时,必须确保所有内容,包括标题、主图、详情页等都符合电商平台的规定和要求,以避免违规问题。商品标题应简洁明了,包含关键信息如品牌、型号和特性,以利于搜索引擎优化和顾客理解。主图需要清晰、色彩真实,展示商品最吸引人的角度,并辅以多角度和使用场景的图片,帮助顾客全面了解商品。

商品详情页应详尽地列出商品的规格、材质、尺寸和重量等关键信息,以支持顾客的购买决策。对于需要展示操作方式或使用效果的商品,可以添加短视频演示,这不仅能提升顾客的购买意愿,还能增强商品的吸引力。通过这些细致的设计和优化,可以为顾客提供一个愉悦且高效的购物体验。

### (四)推广与营销

为了提升在搜索引擎中的排名并增加曝光度,网店需要精心优化关键词、标题和商品描述,以此提高在搜索引擎中的排名,增加曝光度并吸引更多的潜在顾客。

网店还需制定一个结合付费推广和免费推广的全面营销计划。付费推广可以通过购买广告位、参与平台的推广活动等方式进行,而免费推广则可以利用社交媒体、内容营销等手段。同时,积极参与电商平台的促销活动或自主策划营销活动,可以有效提升网店的知名度和销量。

为了进一步促进销售,网店可以实施多样化的促销策略,如限时折扣、满额减免、会员专享优惠和节日主题促销等。这些促销活动能够激发顾客的购买欲望,增加销售额。

同时,利用社交媒体和电子邮件营销等渠道,定期向顾客推送新品上市信息、优惠活动和茶文化相关内容,是增强顾客黏性和提升品牌忠诚度的有效手段。通过这些渠道与顾客保持沟通，不仅能够维持顾客的兴趣和参与度，还能够建立长期的客户关系。

### （四）订单处理与发货

网店需要及时查看并处理订单信息，确保订单准确无误，同时优化物流配送流程，确保产品快速、安全地送达顾客手中。灵活的退换货政策与便捷的售后服务渠道、高效的物流追踪系统，都可以让顾客提升购物体验的整体感受。此外，可以定期回访顾客，了解顾客的使用体验和意见建议，不断改进产品和服务。

## 二、网店人员配置

### （一）核心管理团队

网店需设立店长一职，负责整体运营与管理工作，包括制定销售策略和推广计划，监控店铺业绩，并有效协调团队各项工作。店长应具备丰富的茶叶知识，展现出色的领导能力和卓越的客户服务技巧，同时需对市场动态和行业趋势保持高度敏感和熟悉度。

### （二）运营团队

运营团队应配置1至2名运营专员，主要负责店铺的日常运营工作，包括商品的上下架管理、促销活动的策划与执行、推广活动的实施以及数据分析等核心任务。运营专员需深入了解电商平台规则，具备扎实的数据分析能力，并富有创新思维，以推动店铺运营效果的不断提升。

### （三）客服团队

客服团队应根据业务量灵活调整，通常配置2至4人，主要职责是通过在线沟通渠道，解答客户的疑问，高效处理订单相关问题，并致力提供卓越的客户服务体验。客服人员须具备良好的沟通能力和丰富的茶叶知识，以确保能够快速响应并满足客户需求。

### （四）美工设计团队

美工设计团队主要负责网店页面设计、商品图片美化、促销海报制作等工作，旨在提升店铺的视觉吸引力和品牌形象。该岗位人员须具备专业的设计技能和审美素养，能够独立完成各项设计工作。通常应专门设置一名美工人员，但在一些小型网店中，这一职责也可能由其他人员兼任。

### （五）物流与仓储团队

仓库管理员的设置需根据库存量灵活调整，其主要职责包括商品的入库、存储管理、拣货和打包等工作，以确保订单能够准确无误地发出。该岗位人员须具备细心、耐心的品质，熟悉仓库管理流程，能够高效地完成各项仓储任务。

物流专员主要负责与物流公司进行对接，处理物流订单，跟踪物流信息，以确保商品能够及时、准确地送达客户。在业务量不大的情况下，可以考虑将物流工作兼职化或外包给专业的物流公司进行处理。

### （六）其他人员（根据实际需要配置）

财务专员主要负责网店的财务管理、成本核算、税务申报等工作。如果初期业务量不大，可以由店长或运营专员兼任。

采购专员负责茶叶等商品的采购工作，确保商品质量和供应稳定。如果初期采购量不大，可以由店长或运营专员兼任。

如果网店计划开展直播销售，需要配置主播进行产品介绍和互动营销。初期可以由店长或运营专员兼任，待业务稳定后再考虑聘请专职主播。

## 三、相关法律法规

开网店需要遵守的法律法规较多，涉及电子商务、消费者权益保护、产品质量、反不正当竞争等多个方面。网店经营者应全面了解并遵守相关法律法规，确保合法合规经营，维护良好的市场秩序和消费者权益。以下法律法规和要点需要重点关注。

### （一）《中华人民共和国电子商务法》

根据《中华人民共和国电子商务法》，电子商务经营者应当依法办理市场主体登记，即需要办理营业执照。电子商务经营者应当在其首页显著位置，持续公示营业执照信息、与其经营业务有关的行政许可信息，或者上述信息的链接标识。

### （二）《中华人民共和国反不正当竞争法》

根据《中华人民共和国反不正当竞争法》，网店经营者应遵守公平竞争原则，不得实施混淆行为、虚假宣传、商业诋毁等不正当竞争行为。此外，2024年9月1日起施行的《网络反不正当竞争暂行规定》进一步细化了网络环境下的不正当竞争行为，如流量劫持、恶意干扰、虚假交易等，网店经营者需特别关注并遵守。

## （三）《中华人民共和国民法典》合同编

《中华人民共和国民法典》合同编规定了合同的订立、履行、变更、解除和违约责任等方面的内容。对于网店经营者来说，与消费者之间的交易行为往往通过在线合同形式完成，因此需要了解和遵守合同法的相关规定，确保交易行为的合法性和有效性。

## （四）《中华人民共和国个人信息保护法》

随着人们数据保护意识的增强，《中华人民共和国个人信息保护法》成为网店经营者必须关注的重要法规。该法规要求网店在收集、使用、存储消费者个人信息时，必须遵守合法、正当、必要的原则，并采取必要措施保障信息安全，防止信息泄露、毁损或丢失。

## （五）《中华人民共和国网络安全法》

《中华人民共和国网络安全法》对于维护网络空间安全、保护网络数据和信息具有重要意义。网店经营者需要确保网站平台的安全性，防止黑客攻击、病毒传播等网络安全事件，保障消费者个人信息安全和交易数据的安全。

### 知识链接　网店的未来发展趋势

#### 一、技术创新驱动

随着AI和大数据技术的深入应用，网店将能够更精准地分析消费者行为，提供个性化推荐和定制化服务，提升用户体验和满意度。VR和AR技术也将为消费者带来全新的购物体验，如虚拟试衣、试妆等，增强购物互动性和决策准确性。

#### 二、市场多元化与国际化

全球化趋势将推动跨境电商的进一步发展，消费者可以轻松购买全球各地的优质商品，同时本土商品也能销往国际市场，拓宽市场边界。

#### 三、社交电商的兴起

社交媒体与电商已经开始融合，消费者可以通过社交平台分享购物心得、发起拼团活动，增加购物的趣味性和互动性。社交电商利用用户间的信任关系和社交影响力，实现商品的快速传播和交易，提升品牌信任度和转化率。线上线下融合的全渠道零售模式将成为主流，消费者可以在实体店体验产品后在线上下单，或在线上浏览、比较产品后前往实体店提货,提升购物的便利性和满意度。

### 四、私域电商的崛起

随着公域流量成本的上升,越来越多的品牌开始重视私域流量的运营,通过建立自己的会员体系、社群等,实现用户黏性和复购率的提升。私域电商将更加注重满足消费者的个性化需求,通过数据分析提供定制化服务,提升用户体验和价值感。

### 五、绿色电商与可持续发展

随着消费者环保意识的提升,绿色电商将成为重要趋势。电商平台将更加注重商品的环保属性,推广绿色包装、节能减排等措施,实现可持续发展。

#### 学习目标

1. 能够根据市场趋势和顾客需求,制定并执行有效的茶馆营销策略。
2. 了解网店的运营流程。

#### 课堂讨论

1. 线上线下融合对茶馆经营会带来哪些优势以及可能遇到哪些挑战?
2. 分享自己了解或尝试过的线上营销策略,如社交媒体推广、内容营销、电商平台运营等,讨论这些策略的有效性、适用场景以及如何根据茶馆的实际情况进行调整和优化。
3. 如何提升茶馆的线下体验?请围绕环境营造、茶艺表演、产品创新等方面展开讨论。
4. 如何通过现场活动、会员制度等方式提升茶馆顾客黏性和忠诚度?

#### 课后思考与作业

1. 选择一家当地茶馆,根据其实际情况,为其制定一个线上平台(如微信公众号、电商平台等)的运营计划。
2. 计划一场针对茶馆顾客的线下活动,如茶艺表演、茶文化讲座、品茶会等。活动策划应包含活动主题、时间地点、参与人群、活动内容、预算安排等方面,并思考如何与线上平台相结合进行宣传推广。
3. 选取一个线上线下经营的典型案例进行深入分析并撰写报告。报告内容应包括案例背景、经营策略、实施过程、效果评估等方面,以及结合课堂讨论内容所得提出个人见解和受到的启示。

## 主要参考文献

王云，杨文华，李春华. 四川茶事考 [M]. 成都：四川科学技术出版社，2004.

姚国坤. 中国茶文化学 [M]. 北京：中国农业出版社，2019.

沈冬梅. 茶与宋代社会生活 [M]. 北京：中国社会科学出版社，2007.

朱克西，杨志清. 茶农生计与茶产业可持续发展：来自云、贵、川的实地调查 [M]. 昆明：云南大学出版社，2011.

中国茶叶流通协会，中华合作时报·茶周刊，北京圣唐古驿创意文化集团. 全国百佳茶馆经营指南 [M]. 北京：科学出版社，2013.

阚能才. 四川制茶史 [M]. 北京：中国农业科学技术出版社，2013.

王旭烽. 茶文化通论 [M]. 杭州：浙江大学出版社，2020

陈君慧. 中华茶道 [M]. 哈尔滨：黑龙江科学技术出版社，2012.

余悦，王柳芳. 茶文化旅游概论 [M]. 西安：中国出版集团世界图书出版公司，2014.

琳达·盖拉德. 茶叶百科 [M]. 王晋，译，北京：电子工业出版社，2016.

李后强，杨家卷，苏东来. 四川茶文化史 [M]. 成都：四川人民出版社，2016.

郝连奇. 茶叶密码 [M]. 武汉：华中科技大学出版社，2018.

戴力农. 设计调研 [M]. 北京：电子工业出版社，2016.

洛可可创新设计学院. 产品设计思维 [M]. 北京：电子工业出版社，2016

杨绍淮. 川茶与茶马古道 [M]. 成都：巴蜀书社，2017.

四川省民俗学会，四川省文物考古研究院. 川茶文化暨川南文化遗产研究 [M]. 成都：四川人民出版社，2017.

李旭. 茶马古道各民族商号及其互动关系 [M]. 北京：社会科学文献出版社，2017.

董君. 茶楼茶馆 [M]. 北京：中国林业出版社，2017.

张俊锋. 手把手教你开公司 [M]. 北京：电子工业出版社，2018.

艺美生活. 寻茶记：中国茶叶地理 [M]. 北京：中国轻工业出版社，2018.

丁以寿. 中国茶文化概论 [M]. 北京：科学出版社，2018.

李远华. 茶文化旅游 [M]. 北京：中国农业出版社，2019.

沃尔夫冈·费勒.日本茶室与空间美学[M].张鸣镝,译.桂林:广西师范大学出版社,2019.

中国茶叶博物馆.中国茶事大典[M].北京:中国农业出版社,2019.

贝剑铭.茶在中国:一部宗教与文化史[M].朱慧颖,译.北京:中国工人出版社,2019.

周承君,何章强,袁诗群.文创产品设计[M].北京:化学工业出版社,2019.

王玲.中国茶文化[M].北京:九州出版社,2020.

张颖娉.文化创意产品设计及案例[M].北京:化学工业出版社,2020.

常辰,孟娇.茶流风尚:中式茶空间设计[M].北京:机械工业出版社,2020.

冈仓天心.茶之书[M].闻春国,译.成都:四川人民出版社,2021.

李春棠.大宋梦华:宋朝人的城市生活[M].长沙:岳麓书社,2021.

王笛.茶馆:成都的公共生活和微观世界1900—1950[M].北京:北京大学出版社,2021.

熊仓功夫.日本茶道史话——叙至千利休[M].陆留弟,译.上海:上海大学出版社,2021.

刘章才.英国茶文化研究(1650—1900)[M].北京:中国社会科学出版社,2021.

宋联可.点茶师培训教材[M].北京:中华工商联合出版社,2022.

吴雨.中国古代茶文化[M].北京:中国商业出版社,2022.

徐中锋,梁文涟.中华末茶器考古简论[M].南京:东南大学出版社,2022.

观合.点茶之书:一盏宋茶的技艺与美学[M].北京:机械工业出版社,2022.

李开周.宋茶[M].成都:四川文艺出版社,2022.

孙绪芹.茶馆酒肆的经营与管理:基于南京茶肆的实证研究[M].北京:光明日报出版社,2022.

梁轶奎.茶室[M].北京:中国旅游出版社,2023.

张婷婷,许玥.中国文旅品牌传播创新研究:2021—2022"文旅好品牌"优秀案例汇编[M].北京:知识产权出版社,2023.

王岳飞，周继红，陈萍.中国茶文化与茶健康［M］.杭州：浙江大学出版社，2023.

沈冬梅.茶的极致：宋代点茶文化［M］.上海：上海交通大学出版社，2023.

张弛.茶杯里的想象：18世纪中英茶叶贸易与设计文化交流［M］.上海：上海人民美术出版社，2023.

肖友民.商业空间设计［M］.北京：清华大学出版社，2023.

刘畅.新公司成立、注册、制度、财务一本通［M］.北京：中国铁道出版社，2023.

陈丽敏．茶馆经营与管理［M］．广州：广东旅游出版社，2023.

肖勇，侯锐森，王靓.文创产品设计［M］.北京：中国轻工业出版社，2022.

李卓澄.教你开一家年赚50万的小茶馆［M］.北京：东方出版社，2024.

中华人民共和国公司登记管理条例［EB/OL］．（2017-08-04）［2024-12-12］．https：//www.samr.gov.cn/djzcj/zcfg/fg/art/2023/art_67239ccccdb94ba4b9e23c953efff600.html.

中华人民共和国市场主体登记管理条例［EB/OL］．（2021-07-27）［2024-12-12］．https://www.gov.cn/zhengce/content/2021-08/24/content_5632964.htm.